家装故事汇

软装

耳目一新的小动作

丁方 胡青 编著

清华大学出版社
北京

内 容 简 介

家庭装修是把生活的各种情形“物化”到空间之中。大的装修概念包括房间设计、装修、家具布置以及富有情趣的软性装点。通常业主会亲自介入到装修过程中，不仅在装修设计施工期间，还包括入住之后长期不断地改进。装修是件琐碎的事，需要业主用智慧去整合，是一件既美妙又辛苦的事情。

找对装潢公司非常重要，选择装潢公司不能轻信广告，业主必须自己具备一定的装修知识、品位以及对装修流行趋势的把握。如何挑选家装公司？如何和设计师沟通？你真懂颜色吗？全包还是半包？装修禁忌又有哪些？如何装修更省钱？……除了基本流程之外，装修更是一种对直觉、美学等综合能力的考验。

本书结合大量实例（不乏大量获奖作品），以主人公故事的形式，以点带面，从真实、简单的问题出发讲解枯燥难懂的装修知识。

本套书适合都市住宅业主、家装和软装类设计师、设计院校学生阅读。全套书有 5 册：一居分册、二居分册、三居分册、改造分册、软装分册，本书为软装分册。

图书在版编目(CIP)数据

软装——耳目一新的小动作 / 丁方，胡青编著. —北京：清华大学出版社，2016

（家装故事汇）

ISBN 978-7-302-42100-9

Ⅰ. ①软… Ⅱ. ①丁… ②胡… Ⅲ. ①住宅—室内装修 Ⅳ. ①TU767

中国版本图书馆 CIP 数据核字（2015）第 267394 号

责任编辑：栾大成
封面设计：杨玉芳
责任校对：徐俊伟
责任印制：李红英

出版发行：清华大学出版社
网　　址：http://www.tup.com.cn，http://www.wqbook.com
地　　址：北京清华大学学研大厦 A 座　　邮　　编：100084
社 总 机：010-62770175　　邮　　购：010-62786544
投稿与读者服务：010-62776969，c-service@tup.tsinghua.edu.cn
质 量 反 馈：010-62772015，zhiliang@tup.tsinghua.edu.cn
印 装 者：北京亿浓世纪彩色印刷有限公司
经　　销：全国新华书店
开　　本：210mm×185mm　　印　　张：7　　字　　数：488 千字
版　　次：2016 年 2 月第 1 版　　印　　次：2016 年 2 月第 1 次印刷
印　　数：1～3000
定　　价：39.00 元

产品编号：047442-01

Preface 前言

软装
——耳目一新的小动作

世界上竟有如此美好的职业——软装设计师。这是设计什么的呢？说起来很简单，即在某个特定的室内空间，选用什么样的窗帘，铺陈什么样的桌布，以及沙发上摆放什么样的靠垫，餐桌上摆放什么样的餐盘插花……乍听起来像每个家庭主妇的日常工作。

软装饰艺术发源于现代欧洲，又称为装饰派艺术，就是在居室中布置、打扮、陈设织物的艺术，包括沙发、窗帘、床饰、帷布、壁饰挂件等室内所有的软体饰物。而当前所谓“软装饰”，是指装修完毕之后，利用那些易更换、易变动位置的饰物与家具，如窗帘、沙发套、靠垫、工艺品，甚至庭院等，对室内进行二度陈设与布置。它打破了传统装修行业界限，其实这一切更为精确的说法应该叫做“家居陈设”。如果你的家太陈旧或过时需要更新，也不必花费太多金钱或时间来重新装修或更换大件家具就能呈现出不同的面貌，给人耳目一新的感觉。

软装设计师需要掌握丰富的室内装饰材料和家居用品知识，并对这些产品进行有效选择、组合与协调。同时，软装者还需具备洞察生活、感知空间、选择产品等多种综合能力。因此，要当一名优秀的软装设计师首先必须热爱生活。

笔者在本书中努力尝试叙述软装背后的故事，所涉及的人名和情景均为虚拟。以较生活化的口吻来诠释设计的哲学，让外行人不再受专业名词之困惑。书中详细介绍了软装布置主要元素的基础知识，这些元素包括用什么样的质材、色彩、内容或者是种类。家具、窗帘、布艺、床上用品、壁画、地毯、陈设等装饰配件应有尽有，分门别类地在书中做了介绍，使读者能够不受阅读顺序之限制而能随意翻阅。每个故事具有不同的设计知识点，也是本书编写过程中的一大特色。

丁方

目录

软装扮家

——耳目一新的小动作

Hom

综述:

串烧:

1. 和风禅意——新亚洲风情

Project Information
项目信息

设计：
1917
装修关键词：
日式移门
风格关键词：
日式、禅、静、新亚洲风格，小清新
房型：
两室两厅
面积：
79 平方米
主体色调：
不同层次的黄色
环保关键词：
原木色家具 + 米色软包 + 亚麻地毯 + 藤编跪椅

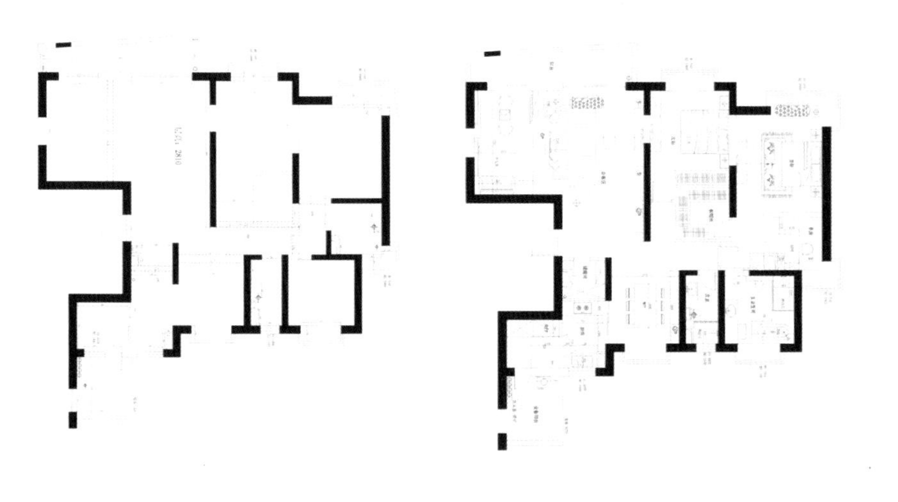

禅，
原本为佛家的一个修炼法门，
然而经过几代人的传承相袭，
它已转变为人日常生活中的一种智慧。
阿楠在东南亚生活多年，佛教文化浸润至深。
如何让柴米油盐的日常生活也充满禅意？
阿楠说，禅就是讲心，
一腔平和，就是禅心。
禅，在梵文中的本意是经受平和、平静。
家如其人，阿楠给我们带来
平和而充满禅意的新亚洲风。

沉淀一屋南亚的素净

这里给人的第一印象，有一种非常素净的意境，让人产生身处一张中国水墨画之感。没有浓重的大色块对比，却自淡妆天成。设计师的用色成熟而有控制，讲究比重。无论是墙面还是地面，先做留白处理，一改那种以青砖铺地的沉重感。

客厅是典型的南亚风格家具，却摒弃南亚的妖娆艳丽，只取其沉静的气质。简约线条的茶几、亚麻质地的沙发地毯，洗练的棕色系，造就一屋南亚的素净。

但这清淡中也有节奏的变化：从月白到米色到浅棕到深木色……自然的过渡和细微的色彩变化，让素色的空间一点都不寡淡。最简单的装饰、最清淡的色彩，却在节奏里让人入静。

风格追问：繁杂的南亚风格会和简约氛围撞车吗？

这就需要把握纯南亚风格的度。简约风格的家具上，不妨选择一些精致的纯南亚风格的小物件作为点缀，房间中只放一两样就好。记得放在显眼的地方，既不破坏简约的大氛围，又能带出东南亚的精致感受。比如房间里挂画中的金箔花鸟织锦有着南亚的繁复气质，用以点缀玄关空间。

和一室清风禅意

设计师将书房的非承重墙全部拆除，做成格式移门，让客厅显得更加宽敞，空间层次感也更好。被隔扇（两面花格的移门）所围成的书房，则隔成和室，散发出一种静心独处的环境，打造成幽玄而又明亮的和式私人空间。

风格链接：

什么是新亚洲风格：

改良中式的卧室、改良东南亚的客厅、改良和式的茶室……新亚洲风格可以不单是一个民族、一个国家的风格，它融合了亚洲各国的古典风格与意境，却把它们都统一在简约的形貌里，使东方式家居在传统与现代之间找到一个最佳的平衡点。

Tips:

新亚洲风格实践要点：

1. 在同一个房间中，不同国家的文化符号和代表性装饰不要同时出现，以免显得气氛杂乱。
2. 如果不同房间采用的是不同的地域风格，那么在色彩、材质、氛围上，更需注意协调呼应，使整套房子的风格能趋于一致。在搭配上只要把握住整体色彩和线条的统一，新亚洲风格就不难实现。譬如，想在色彩上追求小细节，最简单的办法是选用蓝印花布图案或其他素色植物枝叶图案，用色上尽可能的“省”。

2. 情迷洛可可——适合成熟的你

Project Information 项目信息

设计：
1917

风格关键词：
洛可可风格

装饰关键词：
镜子、反光马赛克、漆面家具

基本色调：
金色，古铜色，白色

适合人群：
年轻金领

张爱玲说，出名要趁早。
王先生说，享受也要趁早。
返璞归真是老来的事，现在紧要的是在极致繁华中享受人生。既然还有大把的青壮岁月，何不将繁华一一看遍？年轻有为的经理人在事业锦绣的当下，如何让家居也灿如锦缎？这是让我们充满好奇的问题。本套复式公寓是王先生新添置的房产，装修过几套房子的他显然已经驾轻就熟，对家人的习惯、个性需求自然是了然于心，接下来就是如何将设计融入到空间设计和自己的新灵感中了。想一探究竟吗？请打开他们宛如珠宝盒般的私人空间……

闪烁珠宝盒

打开房门，就发现设计师用新装饰主义的手法表现出一个珠宝盒一般的私人空间。入口处石材马赛克地面，宛如刺青般图腾与洛可可风格柜体塑造出古典优雅造型，有了一个精彩的开场亮相。

由新装饰主义风格形成的客餐厅区域，玻璃镜面、丝质面料和时尚银箔耀眼色彩共同形成统一的时尚语汇。而黄色壁纸和银箔、镜面等闪银装饰的对比，更丰富强调出整个客餐厅的黄银色调，为奢华空间塑造迷人的魅力。

主卫区域，为了体现奢靡感，使用对比夸张的防水壁纸为卫浴生活塑造新的个性。而宛如闪亮贝壳般的黑白抛光马赛克，给地面带来富有装饰性的视觉效果，让整个卫浴空间显得更加华美和具有装饰感。

华美而时尚

洛可可时代毕竟遥远，空间中，以细腻的设计将古典氛围用现代手法诠释出来，让古典语汇与时尚元素接轨。古典华美的气息和现代居家融合得天衣无缝。

过道柜上的相框雕刻繁复，和桌上银饰两相呼应。但如果再放入中世纪风格油画就太过复杂沉闷了。聪明的设计师参考时尚照片墙的摆放方式和装置艺术的效果，将镜框组合摆放，并在里面放上镜子或将镜框空挂，体现出现代趣味。满铺墙纸太过华丽，挂画又太沉闷隆重，用木板装饰搭配墙纸的造型，起到给墙面挂画般的效果，将华丽拿捏得刚刚好。

风格链接：

什么是洛可可风格？

洛可可 Rococo 这个字是从法文 Rocaille 和意大利文 Barocco 合并而来。Rocaille 是一种贝壳与小石子混合制成的室内装饰物，而 Barocco 即巴洛克（Baroque）。洛可可风格指将巴洛克风格与中国装饰趣味结合起来的、运用多个 S 线组合的一种华丽雕琢、纤巧繁琐的艺术样式。

洛可可室内装饰特点：

相对于路易十四时代庄严、豪华、宏伟的巴洛克艺术，洛可可室内艺术则打破了艺术上的对称、均衡、朴实的规律，在家具、建筑、室内等艺术的装饰设计上，以复杂自由的波浪线条为主势，室内装饰镶嵌画以及许多镜子，形成了一种轻快精巧、优美华丽、闪耀虚幻的效果。

洛可可风格家具特点：

法国路易十五时期家具又称为洛可可家具，具有以下显著的特点。

- 线条：不对称的轻快纤细曲线或回旋曲折的贝壳形曲线。
- 雕饰：精细纤巧的雕饰。
- 脚部：以凸曲线和弯脚作为主要造型基调。
- 涂漆：以研究中国漆为基础，发展一种既有中国风又有欧洲独自特点的涂饰技法。

3. 文心雅集，南北乐章——小户型里的中式大宅

Project Information 项目信息

建筑面积：
77 平方米
户型：
两室两厅
设计：
LOONGFOONG-ART 龙凤会
主体格调：
新中式
主人：
年轻夫妇
设计诉求：
喜欢中式风格，但拒绝中式沉闷。
主体色调：
优雅淡色调

在 77 平方米的小户型两房里做出
中式大宅的范儿？
不是天方夜谭，
雅妍和卓锋是从小的玩伴，
馥郁沉稳，书香门第，
长大后买房装修自然第一个想到了
沉稳宁静的中式风格。
“不是旧，不是古，不求大，
而是要有一种四平八稳的大宅风范
和飘逸疏朗的中式意境。”雅妍说。

大宅气质

客厅家具由一组造型简洁的L型白色布艺沙发搭配圆形深咖色皮革茶几混搭中式单人椅和车木边几，营造出一个贯通餐厅、风格统一的开放空间。软饰搭配上，棉质、皮革、剑麻与木质的视觉感受对比鲜明，藉由色彩的呼应又和谐相容。灯具选用了中国风白色灯笼式主灯，茶几中央摆设的中式盖盒里独具匠心地选取五色传统豆果，点缀色彩的同时包含了传统文化的吉祥寓意。

主卧室双人床型制简洁，采用温和的质地与色彩，床头柜沿用原木色的方正造型，简约大方，体现强调人文舒适自然的设计理念。简约的深色床头灯款式呈现现代东方禅韵，圆形灯罩配合方形框架底座，搭配银色莲花烛台，折射柔和光线，加上床头上方宝相花主题的丝缎布艺画一起烘托出悠静空灵的东方韵味。

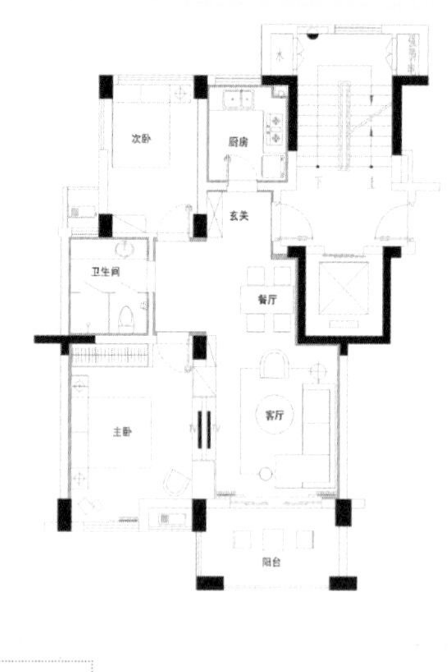

新中式元素装饰

中式元素在客厅及餐厅两处空间得到了充分的体现，餐桌上方墙面装点的素雅青花瓷盘，纹饰疏朗飘逸，色彩浓淡相宜，是中式文化意味的点睛之笔。餐厅家具搭配手法采用了传统的明式椅混搭现代简洁造型的餐桌，餐具及饰品的色彩设计源自中国画中撷取的黑、白、青绿、金、浅灰，餐盘造型犹如展开的画卷，而筷子的设计细节是中国特有的榫卯拼接。

新中式风格点窍

1. 空间上讲究层次，多用隔窗、屏风来分割，用实木做出结实的框架，以固定支架，中间用棂子雕花，做成古朴的图案。
2. 门窗对确定中式风格很重要，因中式门窗一般均是用棂子做成方格或其他中式的传统图案，用实木雕刻成各式题材造型，打磨光滑，富有立体感。
3. 天花以木条相交成方格形，上覆木板，也可做简单的环形的灯池吊顶，用实木做框，层次清晰，漆成花梨木色。
4. 家具陈设讲究对称，重视文化意蕴；配饰擅用字画、古玩、卷轴、盆景等精致的工艺品加以点缀，更显主人的品位与尊贵，木雕画以壁挂为主，更具有文化韵味和独特风格，体现中国传统家居文化的独特魅力。

窍门其实很简单，在儿童房中，中式家具只能做点缀，而主色调和软装要还原儿童房色彩鲜明的整体格调。还可以摆放儿童喜欢的玩偶，增添个性。

中式儿童房如何做到“不老气”？

提起中式，不少人觉得是中老年人的最爱，难免会显得老气。所以很多人在装修儿童房的时候会避开中式，通常所选用的现代式样往往会和整体风格格格不入。其实，让小朋友从小学会在中式的环境中成长，比如吟诗作画、背诵古文……中式用得好，非但不老气，还能增加孩子们的中文水平。

Tips:

花枝俏，春意闹

雅妍喜爱花草，无论是乱真的绢花蝴蝶兰还是自己亲手栽培的凤梨，到了她手里都能让俏丽的红色映衬传统中式的热闹，让清雅的绿色绵延四季的人文情韵。这就跟雅妍学学，用花草营造一整年的中式心情。

STEP1 挑一盆“中式植物”

蝴蝶兰、凤梨、文竹、荷叶、莲蓬、芭蕉、柳枝……这些被中国文人画了千年、吟了万遍的植物，只需选上几种，或种在盆内或供于瓶中，就能给家带来盎然的清雅古意。

STEP2 选一款中式盆器

如果你不喜欢这些传统的植物，也没关系。给泊来的热带植物、欧洲香草选一个中式的盆器，即使不再是雨打芭蕉，一样有中式的潇潇意境。蓝花白瓷、碎纹青瓷、甚至是古旧的红漆木盒、编织藤篮……大胆尝试一切你能找到的中式感觉盆器。

4. 让家停在 80 年代——怀旧色彩组合

Project Information
项目信息

装饰风格：
怀旧风
主要色调：
橙色匹配经典格子图案
主要材质：
原木，布艺
房型：
一室两厅
面积：
59 平方米
适合人群：
80 后

Nono，80 年代生人。
小时候寒暑假被一个人留在房间里，
用窗棂投在地板上的格子跳房子，
和伙伴们在房子角落里打弹珠，
童年时静好的岁月和甜蜜的家的氛围让成家后
的他仍旧深深怀念。在有了自己的房子之后，
他便别出心裁地想要再现童年期
80 年代氛围的家。
现在的房间，没有浪漫的花朵墙纸，
没有时髦的欧式家具，
却在不经意间，流露出
80 年代特有的脉脉温情。

回到 80 年代

80 年代的家，刚开始流行起“装修”的概念。那时的人们以最简单的方式装饰空间，没有一丝多余的矫揉造作，既避免了极简主义的乏味与机械，也没有田园、欧式等过度装饰的弊病。简练、温暖的风格至今仍让 Nono 心醉不已。在设计硬装时，也参考了一些旧时的装修样式。在客厅的电视墙上用细细的一根画镜线就轻巧地连接了左右两扇木格门。门上清爽的米色格子布，让过往的记忆呼之欲出，仿佛推开门就能回到儿时的家中。

浴室用儿时常见的小方砖铺墙，同色马赛克铺地。隔色斜铺让浴室变得既时尚又怀旧。

妻子迷恋小时候家中那种朴素却静好的气息，因此也执迷于一些陈年旧物。捡来的木板凳用来作落地镜的搁架，原先装手榴弹的木箱里是妻子心爱的针头线脑，民国时期的两个绣片被对称地挂在电视墙上……“手边旧旧的东西多了，你就不会觉得家太新太硬，心情也会变得柔软起来。”

共享的温暖

温暖共享的设计，是Nono半糖主义设计的又一要旨。两人一起分享空间的功能，时刻在一起又互不打搅的温情，就像咖啡里的半颗糖一样，让日子变得甜蜜。自行组装的大书桌安放在地台边上。宽宽的桌面足够两个人同时使用。Nono特意将地台做高到离地35厘米，坐在地台这边也可以把脚自然地垂下。在上面摆放坐垫后，就增加了一个很舒服的工作位。Nono在桌子这边做设计的时候，妻子就在地台那边裁着布片做拼布靠垫，共享在一起的甜蜜时光。童年对家的印象中，那如咖啡牛奶般纯朴素淡的好日子，就在桌面上铺展开来。

Tips:

80年代风格特点

1. 怀旧色彩组合

80年代的人们在色彩应用上总是犹抱琵琶半遮面，米色、浅褐以及灰绿、藏青等色调都被经常使用在房间的装饰中，带来一种怀旧的温暖感。

2. 年代特有的装修样式

80 年代有一些常见的装修形式，现在看来也并不过时。比如马赛克、门框、画镜线、踢脚线、格子门、老式钢窗等，在房间中点缀使用，会有出其不意的时光旅行效果。

3. 怀旧老家具

一两件带有岁月感的家具，会在不经意间唤起童年时的居住记忆。80 年代已经不再是中式当道，而开始流行苏式的简约线条家具。木器颜色较深，棕红色、棕黑色家具是当时的主流。

5. 蓝天下的告白——浪漫西班牙风

青鸾与她的先生相识在 15 岁，
一个眉目清白，一个笑靥如花，
懵懵懂懂的年纪，
谁也没有做过要嫁要娶的梦，
谁知却成为彼此“故事的开始”。
决定告白的那个午后，谁都不敢看对方的眼睛，
只记得那日空旷操场上，蓝天上卷着朵朵白云，
阳光晃得刺眼。
不远处黄黄的校园围墙上爬满了常春藤，
格外动人。
买下这所房子时两人决定，
恋爱记忆中的那个美丽场景，
要在家中一一再现。

Project Information 项目信息

户型和面积：

3层的别墅，每层约30平米（赠送室外面积不算）

装修特色：

拱廊，壁炉等非中国传统元素的运用

装修难点：

每层面积很小，顶层赠送户外面积

主要色调：

西班牙米黄，橙色，淡粉等暖色调

主要材质：

彩陶砖、马赛克、手抹墙、原木家具

装修秘籍：

手绘，手工地毯

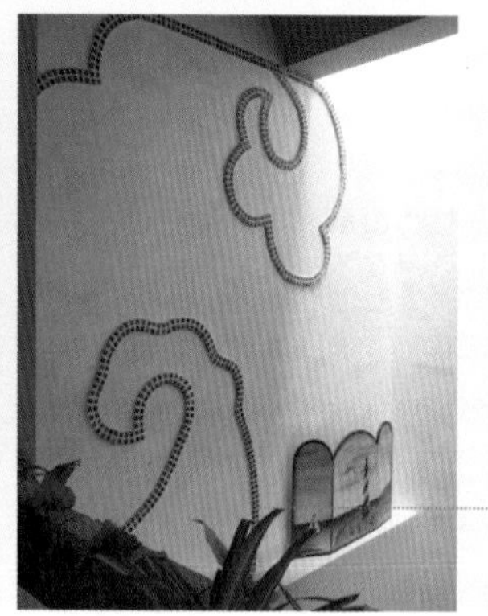

那日的蓝天、白云

这是一套3层的联排别墅，有他们梦想中的挑高客厅、错层餐厅、阳光中庭。设计时，他们希望无论在家中哪里，抬头都要可以看到的蔚蓝天空。于是，完整保留三层挑空的中庭，让阳光从玻璃天顶直达一层。整个挑空中庭全部用蓝白双色油漆涂刷成蓝天白云的墙面效果，并用马赛克拼出卷云图案，加上和卷云图案对应的特制门把手，一如当年告白时操场上的蔚蓝天空。

那日的拱廊黄墙

“记得那时的校舍是一幢红色的西班牙式老建筑，黄黄的围墙上爬满常春藤，连通教室的拱廊，很漂亮。”于是，房间的风格变成了现在的样子：一点点西班牙，一点点地中海。高挑的层高，半圆手工砌窗使餐厅与客厅相互呼应，地中海气氛更浓。客厅里的蔚蓝沙发上仿佛能闻到地中海海风的味道。餐厅中，大餐桌和地中海式卡座共同营造出一个隆重又亲切的美味角落。色彩上，整个房子被刷成了层次感强烈的红、蓝、绿，每种色调保持着相似的调子。材质上，配合着色彩，大多采用古旧元素，比如吊顶、厨房台面、鞋柜百叶门所使用的碳烤木，有做旧的表面处理，显得尤其自然。各种造型古典、分量感十足的灯具是主人从网上悉心淘来，与整体环境十分和谐。而各个房间行云流水般的墙面，也是一大看点，或用马赛克勾勒出一种浮云般的线条，或将油画嵌入墙壁之中，或在各处贴上美丽墙贴，这些装饰手法与传统的墙面漆、墙纸和装饰画结合在一起，使整个房子的气场很是自由生动。

Tips:

壁炉添暖意

大客厅或底楼空间在冬天都容易潮湿阴冷，欧式风格的装修不妨在客厅设计一个壁炉，和家人朋友围坐在温暖的壁炉旁，聊天、唱歌，喝一杯热气腾腾的咖啡，吃一块自己制作的小蛋糕，看着噼啪作响的木柴在炉膛里熊熊燃烧……这样的场景也可以在家轻松实现。

1. 真火壁炉 由于安装真火壁炉需要有烟囱或烟道，将灰尘与烟雾排出室外，所以住别墅或顶楼公寓的住户，可放心安装真火壁炉。无论是环保木炭壁炉、燃气壁炉还是燃木壁炉，都采用封闭式燃烧系统，不会有烟尘进入室内，节能又环保。真火壁炉不仅有很好的取暖功能，也因其美丽的火焰，有着独特的观赏效果。

2. 仿真壁炉 仿真壁炉是靠光的反射产生二维平面火焰，配以仿真火炭，效果逼真但不是真实火焰。主要起装饰作用，取暖效果较真火壁炉要差一些。本户采用的就是仿真壁炉。

Tips:

西班牙风格元素

1. 浪漫拱型空间

“地中海风格”建筑的最大特色，是拱门与半拱门和马蹄状的门窗。建筑中的圆形拱门及回廊通常采用数个连接或以垂直交接的方式，在走动观赏中，出现延伸的透视感。

2. 纯美色彩方案

蓝与白、白色、蓝色、实木色、红色、黄色，这些色彩组合都常常出现在西班牙风格的配色方案中，显现出自然清新又略带厚重的效果。

3. 特殊材质装饰

手绘彩陶砖、马赛克、手抹墙、原木家具、手工地毯、瓷制挂盘等，都常常出现在西班牙风格装修中。

6. 卡门序曲——欧式花草点缀家

Project Information
项目信息

户型：
两室两厅
面积：
109 平方米
装修难点：
层高过高
修改方式：
拱门 + 植物
软装要素：
各种欧式风格的植物和台盆运用
主要色调：
如阳光般的黄色 + 自然绿色

彭彭最爱看《卡门》，
红裙子甩甩的热烈踢踏舞，
鬓角再插一朵艳丽的玫瑰。
"以后家也要卡门的这种感觉，你懂吧？"
彭彭跟老公说。
于是理科脑袋的老公和设计师这样交底：
"老婆喜欢门，你把门弄多一点好看一点。
要西班牙风格的那种门啊！"
于是，就有了现在的"卡门"之家……

拱门复拱门

在这套公寓中，西班牙拱的装饰设计精致而巧妙。各种西班牙式的装饰拱反复出现在房子中的墙壁、门、窗、走廊等处，这些半圆拱以及有着教堂效果的尖拱，在让空间充满异国情调的同时，也成为串起西班牙风格的一条主线。从客厅、主卧、走廊等处沉实、深厚的土黄色到以希腊蓝为主题风格的书房、客卧、客卫，风格不变的拱造型成为其间过渡的一个关键因素。在重重叠叠的半圆拱、尖拱的映衬下，浓郁的西班牙黄悄然变换成轻盈透澈的希腊蓝色，这种强烈对比的色彩转化不仅没有给人拼接的生硬感，反而在这种西班牙拱的装饰中，相融相谐、了无痕迹。

欧风花草香

卡门鬓角的那朵玫瑰，简直就是神来一笔。没想到，用花草布置这个“卡门之家”，也有相同的点睛效果。彭彭在家里种养着许多欧洲花草，这些花草低调、朴实，而且枝叶浓郁、花朵细致，点缀在客厅、卧室、书房、餐厅、阳台等不同的地方，会带来不同的氛围，熏染不同的心情。

彭彭和老公一起用装修剩余的碎木条在阳台的一整面墙做了个篱笆花架，然后把各种花草养在上面。每天她会根据需要，把不同的花分别配置桌案边、床头前、飘窗上、书柜里……整幢房子都会飘逸着淡香，坐在阳台花影中的女主人，一边斟着花草茶，一边陶醉，“这真是一种享受哦。”

Q: 哪些花草具有欧洲情调?

A: 非洲菊、薰衣草、情人草、法兰西玫瑰等，都带有低调蓊郁的欧洲风情，适合自然欧风的家居装扮。欧洲经常直接使用鲜花做点缀，如果你不是种植高手，可以选择勿忘我等干花作为装点。而一些可以泡茶的花草，更能将眼底鼻尖的欧韵芬芳留在唇齿之间。

Tips:

欧式花器如何选

1. 木质盆器

木质盆器能带来十分自然的乡村风味。在木盆的底部钻一个排水孔，然后填入土壤，你就可以栽种自己喜欢的植物了。为了增加装饰效果，你可以在木盆下衬一圈苔藓，再摆放几枚松果。小木栅栏花盒可以组合放入多盆花卉，非常讨巧。

2. 铜质或仿石花盆

这类做旧的花盆带有复杂而精巧的花纹，铜质盆器配上白色卵石效果别致，也将绿色植物映衬得更加美观。

3. 旧物做花器

利用奶奶都不用的铁皮桶、菜篮作为花盆，可以种出绝好的组合盆栽。一个简单的铁皮小桶盆栽，能让你的餐桌整个夏天花开不断。挑选几种同色系的开花植物，组合种植在椭圆形的铁皮桶里，要注意中间高四周低的层次。

7. 趣味是唯一的法则——20% 硬装 +80% 软装打造家

Project Information
项目信息

装修程度：
精装修公寓
软装重点：
挂画，古董
装修风格：
外籍人打造的中式（混搭）

人物：
斯代流斯 · 科奇帝斯
——希腊驻华使馆旅游参赞；
在中国生活的数年间让他深深对
中国文化所着迷，
风趣而优雅的他，
让我们感受到了希腊式的浪漫。

每个人对于家居的审美都有所不同，什么样的家最适合一个成功男人，答案也是五花八门：从简约到繁复，从古典到现代，从西方到东方，从纯粹到混搭……当你沉迷于选择用某种风格去构建你的生活世界时，往往也意味着艰难地取舍。不过，如同兼容并蓄可以成就男人的胸怀一样，他的家也未必只有一种风貌。

一个走遍世界的男人更是应该拥有把握和整合的能力，当你的创新为你在商场上赢得成就的时候，你在家居方面表现出来的实验精神，也完全可以让自己享受到另一种自我成功。这位几乎走遍全世界的绅士，就让他的家成了一个品位实验室和博物馆。

品位实验室

这个家是传统与现代、东方与西方的结合体。从进门的走廊开始，我们就先见识了各种木雕和石像，有佛像，看似随意地安置在黑色的木头柜子上。这些收藏有的来自上海周边的乡村，有的来自云南的古镇，还有一些则是他在重走丝绸之路时的收获。“无论在哪里，旅行途中总会有让我惊喜的发现。”

这是个摆得满满当当的家，大概不太容易成为居家装修学习的样本。一切琐碎的细节和费心琢磨出的样式都是主人在3年的时间里一点一点置办齐整的：高背椅是从紫云轩茶室学来的，又请了师傅略做改动，再用斑驳的蓝漆一刷，在古董意境里不失摩登；挂画的方式则来自兰会所中，菲利普·斯塔克的设计概念：那些大尺幅的画几乎占满了整面墙，颜色也同整个客厅的色调相符，多是暗木色和暗红色。阳光透过朝南的窗子照进来，一点都不显得黯淡。

潜移默化的品位之缘

屏风的隔断也是老式中国家庭里最气派的样式和质地。旁边木头椅子的装饰效果大概多于实用价值，沙发正对着巨大的电视屏幕，音箱里传出来的是舞曲化了的爵士乐，茶几上摞着艺术、摄影和时尚方面的杂志。房子本身没做太多的处理，白墙、木头地板，如同这栋公寓里的任意一家。但是这些“填充物”改变了公寓的整个面貌，形成了颜色的起伏和空间的错落。

对于希腊文化，他自然有着自己的见地。在他看来，中国人和希腊人有不少相似之处。同样是古文明的发祥地，文化上自有渊源。他在北京的这个家，也成为他和中国的一种联系，从古董到当代艺术的贯通，从中式和西式家具的混搭，瓷器、玉器紧挨着希腊戏剧里的金属质地面具的别致，都反映着主人的审美和习惯。

创意重组，文化新生

家是开放的空间，高低错落、设计和谐才能不让“大”成为“空”。

旧木门拆下来做桌面，为了避免划伤，上面又罩上了一层玻璃罩子，混然一体；佛像摆在台灯的支架上，看上去像是专门定做的别致台灯……这样的组合在先生家的各个角落随处可见。他自己卧房里的床明明是张普通的西式床，却给加上了一个金色的中式床头，挂着红色的流苏，一旁的柜子上则是描了各式金线的盒子，像是旧时大家闺房里的物件。丝织的春宫图装裱起来做装饰，颜色已经褪了，看得清丝线修补、经纬交叉的痕迹。斯代流斯说，其实很多老东西买回来时已经破损，要费不少工夫修补甚至重新设计。

靠椅上面的织物全部翻新过，用了富丽的丝绸缎面。柜子里则是摆满了样式古拙的中国陶器，他说那些陶器和希腊的古陶是那么相似，让人联想起人类刚刚学会在生活里做点“设计”的久远年代，两个文明竟然一致地使用了如此相似的纹路和造型，又让人感慨人类灵性的相通。像很多西方人一样，先生家也摆了不少家人的照片，祖父母、儿子和少年时代的自己——长发飘起的希腊青年，背后是奥林匹亚和地中海的风情万种。

斯代流斯完全不介意别人进入他的私人空间，他的家中总是有这样那样的派对，甚至很多刚刚认识的朋友，都会成为他家的宾客。加上满室的中国风，你会觉得文化的界限原来也可以这样被打破。

如何挂画：

传统式样的中式桌台以当代油画为背景，有一种蒙太奇般的时空错乱感。

屏风将客厅一分为二，加强了空间的使用效果。

床是家里最舒适的地方。有着极简主义风格，白色罗莎床帐为整间卧室增添了一份罗曼蒂克的感觉。

浴室中的小东西摆得错落有致，多而不乱，有典型的地中海家居特点。沐浴的同时，可以欣赏古希腊的雕塑和现代油画。

设计感极强的高背座椅，与旁边的琵琶相得益彰。

8. 斜顶下的灵感——美式乡村家

Project Information
项目信息

设计：
统帅装饰 许海波
风格关键词：
美式乡村
软装关键词：
木器，藤编
主要色调：
清新淡雅的自然色
灯光色调：
配合天光蓝 + 传统淡黄色灯光
设计亮点：
放大斜顶空间
适合人群：
植物品种多的南方家庭

林帆夫妇都是网游的开发人员。
不食人间烟火的游戏世界里包含
太多的幻想，
舒适的田园乡村能给他们以舒展
的思维和无限灵感。
而美式乡村风格起源于十八世纪
各地拓荒者居住的房子，
更暗含刻苦创新的开垦精神，
在有限的预算压力下，
巧心构建出一个美式家。

客厅有着漂亮的挑高，文化石的大量采用，保留了自然的气息又增加了空间的立体感。虽然小碎花的沙发套是乡村风格空间里常见的元素，但在这里，纯白沙发套更显乡村风格的闲适和安逸。

棉麻布艺、藤制椅垫、还有案几上古旧的电话机，带着岁月的痕迹，古朴粗犷。家的舒适与宁静自成一格。

最美妙的灵感总在高处才得以激发，在阁楼的安静角落，安置一张书桌，两台电脑，一个小型工作室跃然而出。网络游戏开发得累了，推开窗看窗外的风景，发现其实自己就站在风景里。

厨房的墙面砖使用非常巧妙，是设计师的灵光闪现，让原本用在阳台的地砖爬上了墙，内外呼应得恰到好处，也省去了另外挑选瓷砖的麻烦。

用柔和的黄白色调装饰大气通透的主卧，设计师希望通过简单平实的卧室布局，来兼容夜晚的静谧和白日的阳光满溢。由于主卧的宽度较大，于是做出通透的隔断，另一边就是衣帽间，营造唯美视觉效果的同时还兼顾实用性的考量。

次卧没有运用过多的装饰手法，用素白色勾勒整个空间的框架，单纯而美好。细节的处理很见功底，甜美但质感十足的飘窗，温馨安逸的床头，带来温暖体验的地毯……无一不是设计师精心搭配的结果。

Tips：

搁架作隔断，你需要考虑的问题

1. 安全第一

搁架式隔断有一个前提是不能影响人在房间里的活动。因为处在房间中央容易碰到，所以隔断上摆放的物品要注意稳定性和安全性。

2. 双面观赏

由于正反双面都可以看到，最好选择那些全角度都有看点的饰品，如花瓶；如果搁架分隔的空间有主次之分，则适合摆放如相框这种分正反面的饰品。注意摆放物品和搁架本身的色彩搭配，不要相互抢夺风头。

3. 节奏感

搁架制造墙面节奏

搁架隔板的戏剧性设计，令摆放的那面墙更加有看点，适合用来打造客厅的主题墙。隔板的分布经过精心设计，可摆放书、画册、花瓶、收藏品等。部分隔板最好为可调整型，随时根据摆放物品调整高度，令搁架和饰品搭配呈现出最完美的效果。

4. 定期清理

隔断上不能随手放东西，影响展示效果。隔断要随时清理，保持卫生。

9. 红磨坊——打造英式田园风格

"真有一天没有了光环没有了舞台，
可能还是会寂寞的吧。"
王小姐也算小有点名气，
从话剧开始演起，圈中摸爬滚打 10 多年，
也算在肥皂剧里混了个脸熟。
没曾想 30 挂零说息影就息影了。
"老了，累了，也混不出什么名堂，
趁早享受人生吧。"
她跟设计师是多年的朋友，
话也说得很是直白。

Project Information
项目信息

设计：
云啊设计 邵斌

装修风格：
英国乡村风格

户型：
3 层楼上带 1 层地下的迷你别墅

总面积：
120 平方米（不包括地下室赠送部分）

装修难点：
预算有限却要体现奢华风

主要色调：
原本冲突的红色 + 黄色

装修突破口：
大胆用色

装修亮点：
红色，辅以碎花运用

设计师兼多年的朋友，自然读得懂她的每寸心思。推开房门犹如幕布拉开，一个舞台感十足的房间就这么慢慢地呈现出来，像是红磨坊的歌舞剧，热热闹闹的，即使只有王小姐一个人，也不缺掌声一样。

第一幕：
英式莎士比亚

莎士比亚堪称戏剧之王，家居怎能少了英伦气息？王小姐买下的这套房子外观是一栋纯正的英伦风格，面积不大却算是都市小白领买得起的小面积别墅，在内部空间设计上亦承接英式建筑的大气和华贵。主卧室内，厚实的颜色是主人丰厚人生履历的体现。稳重但绝不死板，真实的自己可以直率地表达喜怒哀乐。
这也是一个可以让人沉静下来的地方，自在的思索，也许是体味一番过往。快乐的瞬间值得深深记忆，它让我们生活丰富、心灵盈满。

而客卧里，则充满英式田园的小调调。清新色彩的墙纸，粉嫩的玩具，王小姐希望女儿在一个如此甜美的环境中长得也像妈妈一样亭亭玉立。

3. 陶罐陈设

乡下生活自然少不了手工陶罐。他们本来就不是装饰，而是生活工具。现如今，热爱乡村风的人们把陶罐请回了家，圆拱形白色土墙坯造就的朴实空间里，粗糙的原木地板、陶罐、木器显得分外质朴。

如何打造英式田园风格?

1. 英式碎花

英式田园风格布面花色秀丽，多以纷繁的花卉图案为主。碎花、条纹、苏格兰图案是英式田园风格家具的永恒的主调。在这套房间中，设计师应用了各种碎花图案。靠包、灯罩与墙纸两相呼应，风格和谐。

2. 英式白色家具

英式田园风格家具多以奶白、象牙白等白色为主，高档的桦木、楸木等做框架，配以高档的环保中纤板做内板，优雅的造型，细致的线条和高档油漆处理，使得每一件产品都散发着从容淡雅的生活气息。

4. 手工红砖 + 彩色琉璃

提起英伦的乡下，人们无不想起红色砖墙。或许是年代的关系，手工艺打造的砖头显得有些斑驳。做旧，才更显得正宗英伦范儿。挑选此种材料的另一好处是，能避免厨房的油烟过度污染墙面，因为红墙是比较耐脏的。

竹子藤艺等材质的应用让餐厅呈现出南亚的氛围。

“小小舞台，却能时空流转，今儿个演老舍的茶馆，明天演蝴蝶夫人。一旦息影闲在家里，也不甘寂寞，每个角落都可以是一场戏正在开场。热热闹闹、兼容并包。”王小姐说。

第二幕：

热带风情大串烧

客厅、走廊等公共空间，却有着热带的风情。

进门处，粗犷的板岩让人恍然来到非洲。而家具上的经典虎纹装饰盒大象，让人立刻想起狂野非洲与热情泰国。

第三幕：

红磨坊主题线

如此多的风格、如此多的材质和色彩，如何才能避免各演各戏、各唱各调？“有了统一贯穿的色调，就不会凌乱。”设计师云啊运用了红色这一主题色贯穿各个空间。从客厅沙发到走廊墙面，甚至是卧室的护墙板和窗帘盒，也会小小地呼应下这个主题色。“那个红色好比是我，在不同的舞台演绎着不同角色，却始终都保持着自己的灵魂和个性。设计师管这套设计叫红磨坊，这个名字我很喜欢。”王小姐说。

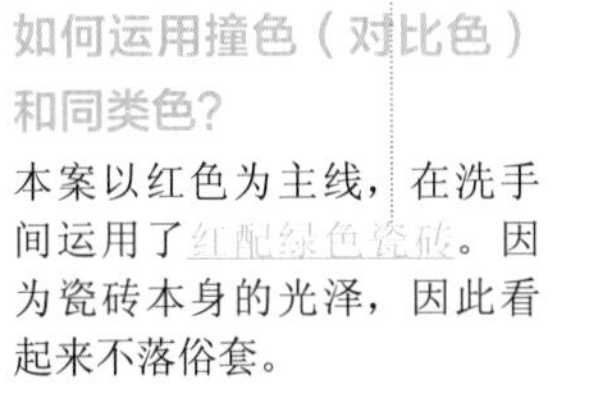

如何运用撞色（对比色）和同类色？

本案以红色为主线，在洗手间运用了红配绿色瓷砖。因为瓷砖本身的光泽，因此看起来不落俗套。

再如，门廊运用深浅不一的绿色，层层叠叠给人以纵深感。而过渡色通过运用橙色、黄色等，和红色调区域起了很好的衔接作用。反之亦然。

而你如果嫌弃某块区域的色调过于呆板，不妨用近似色调的碎花图案试试。它可以打破呆板，让墙面层次更丰富而耐看。同理，挑选碎花图案的窗帘和布艺，也可更换心情，达到丰富空间色调的效果。

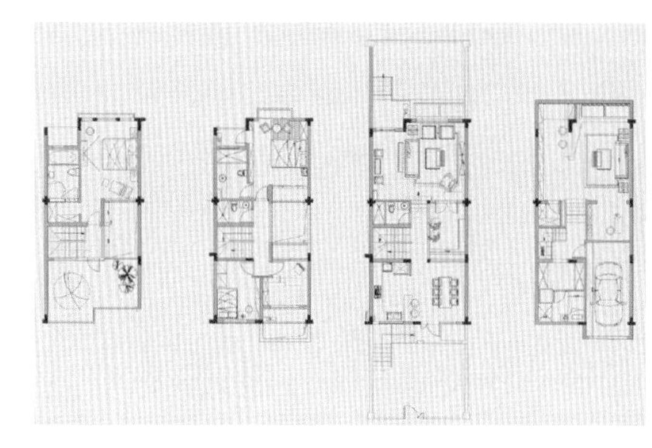

而若你需体现高贵、典雅、庄重的感觉，红、绿色配比应当相当，即 50% 红配比 50% 左右的绿。如果你怕俗气，白色是个很好的背景色。此外，这种搭配会让空间显得很有“精神”，或者让人感觉此地“空气很好”。不信，你试试。当然，这一切离不开真实植物的点缀。

10. 粉色西班牙公主梦——铁艺的室内运用

Project Information
项目信息

设计：
云啊设计 邵斌
面积：
150 平方米（不含赠送的花园面积）
户型：
3 层楼迷你别墅
装修风格：
西班牙样式
装修亮点：
铁艺的室内运用
主要色调：
各种粉色系
主要材质：
实木、铁艺、花朵软包

年纪轻轻便拥有别墅
是很多人的梦想！
作为上海长大的女孩，蓉儿从小就认为
好生活应该有着浪漫的异国情调。
上海这个城市中有很多美丽的老洋房，它
们的优雅迷人是那些现代主义建筑永远
无法企及的，"这就是经典的永恒魅力"！
蓉儿结婚后，第一套房子很小，慢慢来，
蓉儿不急，她将梦想默默栽种下去。
第二套房子，不但大，而且还有了一个花园，
蓉儿的梦想大树终于可以茁壮成长。

蓉儿在第一次装修便开始尝试地中海风格，但因为经验不足，出现好多小遗憾，等第二个房子的钥匙到手，蓉儿早已打定主意，一定要请专业设计团队，打造一个具有纯正西班牙范儿的美家。吸引蓉儿的，不仅是西班牙范儿的热情洋溢、自由奔放，更是那种多元、神秘、奇异的艺术味。

其实这套房子的面积也不大，当初看房时候很多人抱怨楼层太多但单层面积过小，蓉儿却不紧不慢地说，就挑这套便宜货！面积和平层相仿，空间层次感却更容易凸显。只要你懂得合理运用铁艺这门独门法宝，这种小面积多楼层的情况不再会显得繁琐和零乱。

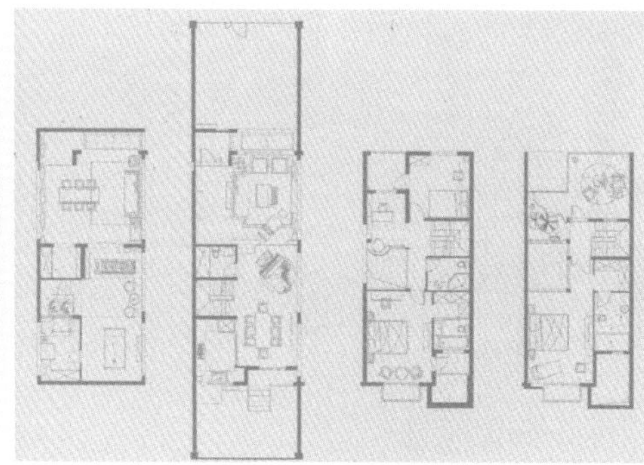

梦幻粉色

蓉儿的家在用色上更为大胆，甚至采用了不常见的粉红色，显得女性化十足。设计师表示，西班牙风格其实非常宽容，只要颜色配比合理，就会很出彩。客厅沙发区的组合是一只粉色碎花面料的三人沙发，搭配两个素粉色单人沙发，另加一个粉色彩格扶手椅，让人犹如置身大自然的鸟语花香中。

质朴铁艺

客厅上空高悬的铸铁吊灯，奶白色“壁炉”上方悬挂着的铁艺挂钟，与之相连的置物架上，摆放着不少以珍稀动物造型的器物，零星点缀其中的还有相框、花瓶、书籍和烛台等，无不散发一种古朴、典雅的气息，既填补了天花板的空旷，又丰富了立面空间的层次，同时体现出西班牙风格的贵族风范。

厚重木质

在家具的选用上，无论是卧室、厨房还是书房，都随处可见大量华丽稳重又不乏精雕细琢的木质家具，让人感受到西班牙文化中丰富多元的面貌和注重手工艺的特色。除却家具，不少原木都以表面烧灼做旧的手法处理后，用于屋顶、楼梯扶手、厨房等处，配合大量裸露砖墙，在沉稳与粗放中，实现了室内气氛的活跃。另外，不少木质坐具都覆以具有自然气息的高级面料，与地毯、花卉、植物等一起打造出空间柔性的一面。

Tips:

如何打造纯正西班牙范儿?

1. 捕捉光线。西班牙家居有很强烈的地中海风格，不需要讲究太多的技巧，宽阔通透的空间是最基本的，超大的落地窗让室内外景观自然融合，光线透过宽大的窗户投射进来，使室内产生了一种特殊的明朗气氛。

2. 大胆自由运用色彩和造型。西班牙风格的空间形体显得相当完整，更能尝试多种风格的混搭，自由装扮空间，创造属于自己的独特的居家品位。

3. 贵族气质。西班牙家具往往带有贵族气质，深受哥特式建筑的影响，最大的特色在于对雕刻技术的运用，在柜类上常见奇异的动物形象、螺旋状圆柱等代表元素。

注意事项:

铁艺和碎花图案掌握不好容易使空间凌乱，应按美学的基本章法布置。

11. 带家去旅行——蓝白地中海，圆你海洋梦

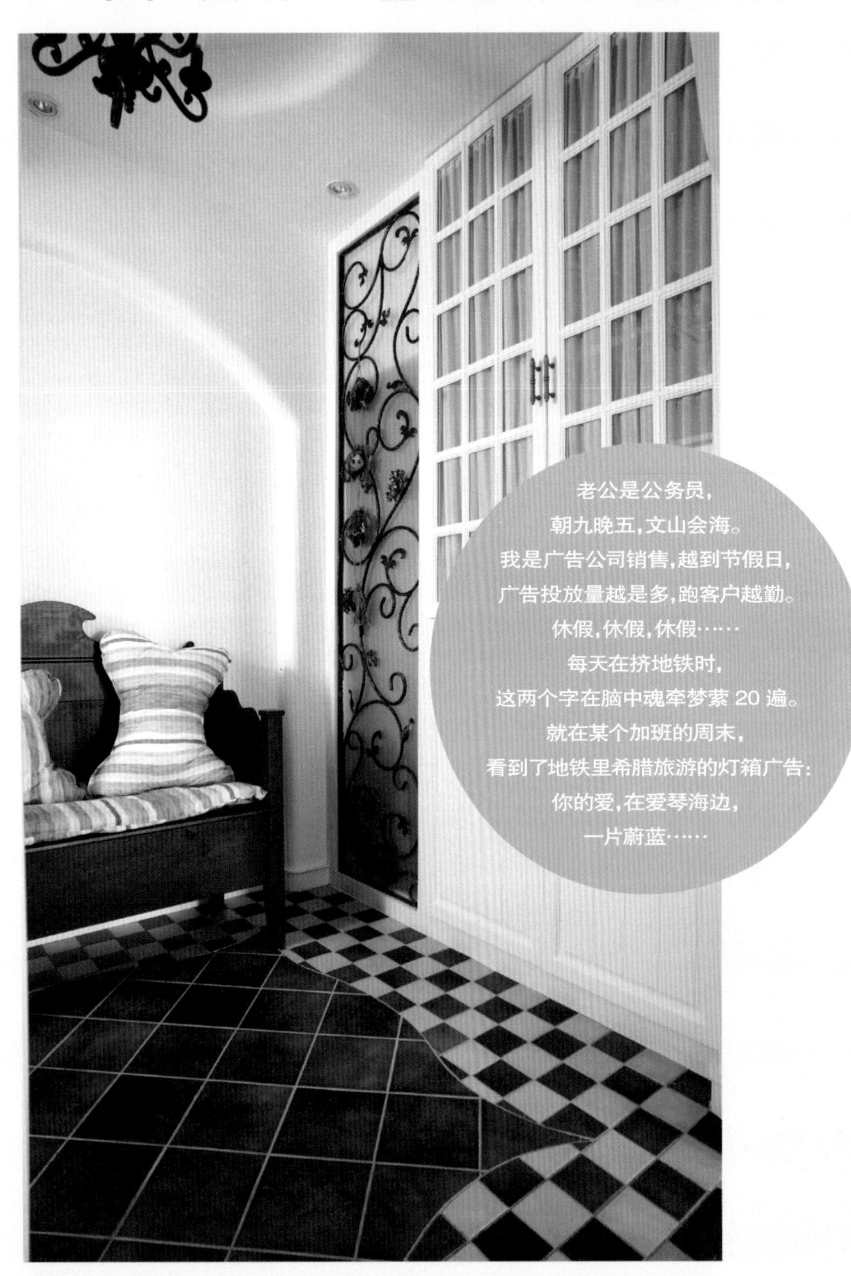

老公是公务员，
朝九晚五，文山会海。
我是广告公司销售，越到节假日，
广告投放量越是多，跑客户越勤。
休假，休假，休假……
每天在挤地铁时，
这两个字在脑中魂牵梦萦 20 遍。
就在某个加班的周末，
看到了地铁里希腊旅游的灯箱广告：
你的爱，在爱琴海边，
一片蔚蓝……

Project Information
项目信息

设计：
翰高融空间
房屋类型：
三室两厅两卫
建筑面积：
117 平方米
装修风格：
地中海

于是，立刻像麦兜一样地在脑中浮现出蓝天碧海，水清沙幼。那里有一望无际的蓝天大海，那里有和煦温暖的阳光清风，那里有单纯羞涩的浪漫情愫，那里有神秘个性的美妙梦幻，
似梦非梦之中，给老公拨去电话：
“我下辈子的人生目标，就是去爱琴海住！”
当然，梦想和现实总是还是有着惊人的距离。取代水清沙幼海景别墅的，是车水马龙“高架景观房”。但这边不妨碍我为那天地铁里的人生梦想努力，并不妨碍我像住在地中海一样地享受我的小职员人生。
我要天天地中海，夜夜在休假。

蓝白地中海

客厅将地中海风格最典型的一面娓娓道来，圆角、拱门、马赛克，还有无处不在的蓝与白，让客厅成为整套居室风格的主旋律。

特别挑选的藤椅，让客厅一角成为最具人气的休闲角落。墙面的装饰挂盘是地中海风格中常见的装饰手段，为原本苍白的墙面增添了丰富的表情。书房、客卧进门处，拱门都取代了门，划分出不同的功能区，却保持了空间的通透。墙面的装饰挂盘是地中海风格中常见的装饰手段，为原本苍白的墙面增添了丰富的表情。

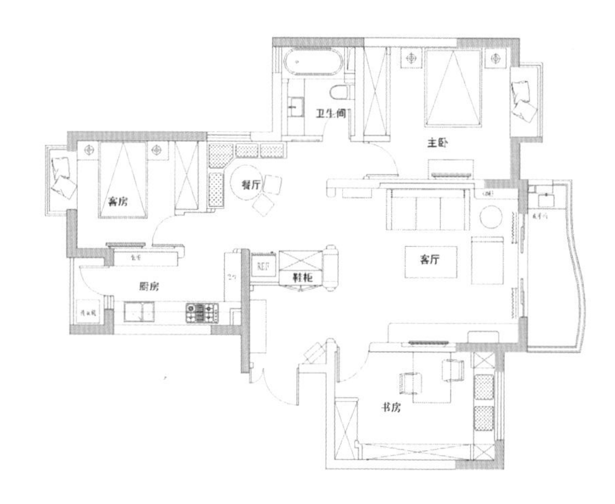

书架的色彩与周围环境协调一致，简单的隔断归置出整齐的收纳区域。所有的门洞和隔墙，也都做成手抹墙的圆润效果，带来海风侵蚀后的独特效果。

卧室不仅要从视觉上达到空间的传承和统一，更要突出安静、简洁的气质。设计师做了一个拱形的床后背景假墙，一下子就有了地中海的氛围。小搁架上、窗台上再摆上几盆绿色植物，让清新沉浸的自然气息弥漫整个房间。

海天一色

喜欢大海的一望无边，却无奈小小公寓面积有限，于是给设计师定了一个海天一色的主题。请注意厨房间吊顶处的蓝色油烟机罩哦！一反传统的金属色油烟机和吊顶，将油烟机和吊顶连成一个整体。这是为了还原地中海“海天一色”的色彩特征而特别设计的。再来看看厨房地面，像不像一波波欢悦起舞的浪花？设计师妙笔生花，将普通材质的地砖做出了出其不意的视觉效果。

而卫生间也沿用这个思路，以蓝白为主色调，用防水漆将吊顶漆成蓝色，并特意做了一个拱顶。而黑白瓷砖的花纹堪称地中海风格的经典铺贴样式，在墙面形成了特有的视觉效果。

Tips：
地中海风格的精髓是什么？

极具人气的地中海风格，历来以清新亮丽的蓝白色调笼络人心。和其他的风格设计不同，这一类型处处透露着惬意与闲适的生活韵味。正如将地中海沿岸休闲的亲水生活带入空间一样，你所能领略到的，不只是悦目，更是赏心的生活感动。

支招：让家有旅行感的设计细节

1. 交流小黑板

走廊处特意让设计师设计了手绘板，就像青年旅店里寻找同程旅伴，让旅行的情趣弥漫整个空间。

2. 见缝插针的小吧台

没有在希腊小酒馆里夜夜笙歌的时间，不妨在家中一角设计一个小吧台。不经意的小细节往往会成为视觉的聚焦，迷你吧台一侧的隔断墙上特别点缀的几块小花砖，活泼别致，饶有趣味。

3. 旅行纪念品作装饰

悦目赏心的海洋元素，是本例空间装饰的亮点，乖巧的贝壳、蓝白相间的宝物盒、鹅卵石般的坐垫……处处都能感受到来自海洋的清爽气息。

12. 指间余温——花窗游廊意味长

Project Information
项目信息

设计：
浙江城建装饰
风格关键词：
新中式风格
装修关键词：
花格窗
软装植物：
荷花，花朵刺绣
适合人群：
中老年为主的家庭

触及指间，余温萦绕
捻芯，双手合十
祈愿一世安稳
深及心底的宁静
一如儿时初见……

从小在山西大宅院中长大的赵璟，在心底里总有一段抹不去的中式大宅情结。那森森的回廊里躲在花窗后的童年迷藏、大门上的狮头铜环把手、堂屋正中排得整整齐齐的太师椅和彩石镶嵌屏风，以及每逢年节爷爷威严端坐训话的场景，深深地烙印在儿时的记忆中。

并非别墅大宅才能有这样的中式气度。130平米的三房，足矣。赵璟说，他要的不是大而无当的面积，而是那种大宅之气。

格窗

中式的花格窗讲究的是光影的意境，而在房间各处延续使用最具现代意味的百叶窗，在有阳光的日子里做着光影的游戏。同样的明暗变化，同样的疏竹斜影，在现代的形貌下，却不经意地沉淀出几十年前某个片刻，森森大宅中的幽静心情。

而卧室的床头墙面，整个做成了屏风般的隔栅。这个似曾相识的中式造型，在客厅是百页，在卧室是竹篱、是山墙。中式的卧室里，抽象的栅栏屏风，既是对客厅窗格主题的呼应，更增添了中式风格的大气。

游廊

中式风格还表现出一种园林趣味。追求人与自然的合而为一，虽然身在室内，依然可以澄怀味象，“卧游”山水，这些永远都是中式优雅生活的本质精神。设计师将落地门窗尽量做得简单阔大，配上透明玻璃，使户内和户外最大程度地联为一体，窗外的勃勃生机可以随时映入眼帘。而这种中式大宅的手法也大量应用于走廊的设计中。从客厅到餐厅有长长的走廊，本是一个小小的户型缺陷。在处理这个走廊时，设计师处处守一个“游”字诀，通过花窗的光影变化、端景、盆栽、挂画等装饰，制造移步换景的“游廊”感，让你路过每条走廊时，都有游园的美妙感受。

风格点窍

1. 把握新中式风格家居的关键点在何处？

新中式风格虽然没有传统中式风格那么讲究原汁原味，但必须保留原来那种大气沉稳的总体感觉，同时新中式风格引入了西方现代简约设计的理念，追求功能明确、自然舒适，因此如果空间过于狭小或者空间格局不够规整的话，就难以采用这种风格来表现。

2. 中式风格布局往往会显得过于呆板，如何来打破呢？

可以通过一些独特小物件在各处加以点缀，表现出主人的独特个性和品位。艺术品、工艺品、绘画、照片、鲜花、植物、书籍、玩物、摆设等等都可以。陈设的地点，除了通常我们会注意到的墙面、多宝格、条案等处，不妨尝试沙发背后、茶几上、边桌、墙角、窗台等位置，通过不断调整来提升效果。这不是一个能够一蹴而就的事情，与每个主人的日常生活、经历、学识和修养密不可分。

13. 月满西楼——西式繁花里的东方馨香

Freddie Jacson 在中国十五年，会讲一口流利的中文，会背老子的道德经，他还给自己起了一个很地道的中国名：吉福来。娶了中国太太，生了一堆混血宝宝，在杭州西湖边安家十载，乐不思"美"。采访那天，Freddie 穿着唐装在家接待我们。客厅落座，功夫茶、伯爵茶，一样泡一壶，任选。能把两种茶味都冲泡得地地道道并不难，难的是在一个茶几上放着而不觉得有任何不妥。凝练传承中国古典文化神韵，融入时尚元素与西式情调的表现手法，让传统与现代，东方与西方相得益彰。也许，这就是 Freddie 家混搭的魅力所在，也是一身唐装的 Freddie 的魅力所在。

Project Information 项目信息

设计：
1917

户型：
复式 + 送顶层不规则空间

风格：
新中式混搭欧式

装修方式：
设计 + 施工半包

中式风格关键词：
月型门、方圆对比、中式老家具

西式风格关键词：
花朵墙纸、地毯等软装

中式款式 Vs. 西式花纹

中式风格的房间讲究的是"神形兼备"，视觉效果上大多都肃穆典雅，气度恢弘。而现代居室受到格局和面积限制，不能全部照搬模仿，因此，新中式的空间搭配并非易事，设计师不仅要了解空间的布局、功能、特点等，还要对传统文化谙熟于心。

整墙的橱柜成为业主家一个小型的展示区，可以摆放平时收集的藏品。由于客厅只作为主人会客或者家人聚会使用，索性就省略掉电视机。

主卧内，芥末色的花蔓墙纸欧风十足，也和床品的蓝色有了撞色的效果。

客厅的家具组合非常有趣味，改良过的中式沙发，更舒适，同时不失传统韵味。

红、黑、黄、蓝是最具中国元素的招牌颜色，Freddie 却选择了欧式的花纹来表现这些中国色彩。从墙纸到台灯再到地毯，花纹里满是浓浓的欧式田园情调。

阴阳方圆

Freddie 觉得这四个字代表了中国文化中最有玄机的意象。于是，家中也处处可见黑白色彩和方圆形状。黑白二色，体现得最明显的是 Freddie 的餐厅。楼梯与餐厅间的隔墙是这个空间里的亮点，方圆结合，如一轮满月高悬，营造出独特的静谧气氛。阶梯将圆分成两半，好似一个周易的阴阳符号。每一步阶梯，都是 Freddie 对自己的一次内省和关照。

而吊顶和桌面的呼应则让方正的餐厅方中有圆，圆中有方。

餐厅和客厅风格色彩有所不同，设计师巧妙地用镜子相互关照。镜子的使用，使空间有延伸感，在餐厅就餐时通过镜子可以看到客厅的景象，餐厅和客厅变得你中有我，我中有你。

餐桌边的装饰柜，原先是为了遮住裸露在外的水管而摆放的，反倒也为餐厅增加了一个看点。餐厅边是西式的吧台和开放西式厨房，更适合 Freddie 的生活习惯。楼梯的巧妙就是在于通透，处处是景。

Tips:

植物化解中式沉闷

餐厅是纯粹的简约中式风格，在色彩上也是偏向简单的黑白两色。在这样的空间中摆放一些绿色植物有助于打破方圆规则带来的严肃感，让空间显得随意而生机盎然。

低矮阁楼物尽其用

复式的二楼是一个斜顶的阁楼。由于客厅没有电视柜，所以二层楼梯转角处被打造成一个小的电视区，设计师将电视柜放在了这里。

当然，看大片或听音乐，Freddie 还是会去阁楼上的影音室。设计师将层高最低矮的部分做成影音室的沙发位，或坐或躺，舒适观影，不用担心层高限制。

阁楼中间高一点的位置留给了儿童房，蓝色的墙面和白色的欧式家具搭配，更适合孩子活泼的性格。稍低的层高也正好适合儿童的身高，不会觉得压抑。

14. 奢简主义风尚——素雅不素颜

"你猜得出我几岁吗?"
"你看得出我化妆了吗?"
见到 Windy 时,脑子中居然不自觉地
跳出这两句广告语。
平时都觉得烂熟没品的广告词,
到了 Windy 这里却变得贴切而神奇起来。
有的美的确是不分年龄的。
晚宴上,Windy 妆在似有似无间,
却在举手投足间有光芒四射的高贵,
让人仰止。

Project Information 项目信息

设计:
1917
风格关键词:
奢简主义风尚
基础色调:
无色系色调的运用
户型:
复式

奢华 Vs. 简约

奢简主义有着神奇的装饰组合:大块的木贴面、玻化砖、玻璃等元素形成整齐的块面,在视觉上显示出轻巧和轻松的一面。而在其装饰部分则采用奢华的元素,比如马毛、小牛皮、银器材质点缀。一边保持自然材料的原始形态,回归最简单的构筑;一边在装饰的奢华效果上体现尊贵的气质,这就是奢简主义带来的独特对比。

在客厅墙面装饰部分采用了欧式装饰风格的壁炉造型,以及一些银质与金属质感的小装饰点缀。部分墙面采用木纹墙纸,使得空间拥有丰富的层次感。

家如女人,
传统简约主义就如美丽的女人,是
朴素而自然的,
能够抵御时尚以及化妆的诱惑。
一个女人的美丽与人工装饰无关,
而是由她的精神和内心世界决定的。
而奢简主义则如一个懂得生活品质追求,
素雅却不素颜,
简单装束却散发高贵的女子。

餐厅墙面采用整体樱桃木作结构，配合镜面马赛克，达到奢华感效果。色调则采用简约手法的大块面。

一楼休闲区，在简约的空间中融入了奢华感的皮质沙发与落地灯。墙面的照片墙则采用了美式的装饰手法。

二楼书房内，黑色调与浅色的强对比，使得空间显得很丰满。在造型上采用棱角分明的简约手法，在装饰点缀上采用奢华风常用的皮质堂椅以及银质的台灯。

Windy 对于卧室的要求可以说是苛刻的。除了在功能利用上需要是卫浴与卧室的组合之外，还需要体现简约奢华感。设计师在做这个空间的时候采用了暗纹印花墙纸与软包床头背景以及金属质感的床头灯。在整体色调上采用素雅的色调达到业主需求的明了效果。柔和的光线也体现了一定的生活情趣。

楼梯结构采用简洁的整体形式，与周围的落地窗以及空间组成很有气场的景观效果。Windy 说，对于简约风格来说，过多装饰是败笔，但是懂得生活情趣的装饰，却是一种由内而外而无法掩饰的美。

风格关键词：

奢简主义

奢简主义的特质是将复杂厚重的纯正奢华“去其糟粕，取其精髓”，保留独特的奢华精髓，整个空间的硬装部分通过简约的大块面手法加上后期的奢华感点缀，形成一种全新的装饰感觉。

——阿道夫·卢斯（AdolfLoos）《装饰与罪恶》

15. 德风品鉴——极简鼻祖包豪斯风

Project Information
项目信息

设计：
1917
风格关键词：
极简包豪斯
装修关键词：
几何感、工业材质、冷色调

提到德国，
不论是其注重完美的生活品质，
还是简约自然的生活态度，
都让人为之向往。
Heidi Arenstein 夫妇就来自这个严谨同时
又充满现代风格的国家。
先生不苟言笑，一副日耳曼人的严肃表情，
和设计师用带着浓重口音的英语交流了很久，
最终定下了包豪斯风格。
现在，他们在杭州的家既时尚现代，
又不乏简约与经典。

风格链接：
什么是包豪斯？

“包豪斯”一词由德语 Hausbau（房屋建筑）一词倒置而成，是德国魏玛市创立于 1919 年的“公立包豪斯学校”（Staatliches Bauhaus）的简称，它倡导功能决定形式、设计以人为本、品质至上的建筑设计哲学，是德国现代主义建筑的原型。“包豪斯”也深刻影响了德国人的起居生活。

“包豪斯”彻底抛弃欧式宫廷风格建筑的过度铺张，在建筑上首次采用几何结构，线条简练清晰。建筑内部为白墙和简单家具，伴随着大窗户和采光天窗，玻璃成为重要的建筑材料。充满阳光的房间和开阔的视野带来亲近自然的感觉。通过标准化生产和新材料的运用，建筑师和设计师们努力避免使建筑的基本功能被繁文缛节的装饰所掩盖，使他们所设计的建筑代表了纯洁和诚实的风格。

四大元素打造“包豪斯”生活

“包豪斯”风格作为高端的家居生活方式，从空间到细节都有着严格的品质要求。虽然化繁为简需要一定的功力，但也并非无捷径可走，作为普通人，依然可以通过简单的几招，打造出属于自己的“包豪斯”空间。

元素 1：几何感

大气磅礴的“包豪斯”风格，最重要的设计组成就是对几何形的利用，它既可以被使用在大空间中，也可以微缩到一件家具上。比如客厅和书房的壁柜，用简单的线条和块面做着几何拼接的游戏，完美地勾勒出家的艺术气质。

元素 2：冷色调

其实“包豪斯”中不乏利用色彩来提升视觉冲击的例子，但依旧还是少数，更多的还是延续了工业感的冷色调。在这套案例中，客厅大面积使用了黑、白、灰以及中性的棕色。而在部分墙面上包覆银色饰面板，在饰物上加入各类金属色，用以强化德式风格中冷峻、严谨的一面。

元素3：空间感

“包豪斯”的初衷十分强调设计的空间感，这种设计是含蓄而不张扬的，但又经得起时间的推敲。不同的区块用不同的色彩和材质进行细微的区分，让空间层次一一显现的同时，不会让你觉得单调和乏味。客厅和餐厅用半堵矮墙相间隔，餐厅抬高的地面使用深色地砖和木色家具，和客厅家具的材质作着细微的区分。互相遥望的两个空间既有区分又有联系，这种递进式的空间感正是“包豪斯”风格中最不可或缺的精髓。

元素4：工业材质

起源于工业时代的“包豪斯”，延续至今，依然还保留了很多工业时代的痕迹，对于金属、玻璃、塑料等现代材料的使用，更是乐此不疲，因此，如果你想增强家里的“包豪斯”味道，就一定少不了这些材质的装饰。

16. 半岛假日——当东南亚遇见地中海

从买房到交房是整整一年，
Vivan 在东南亚和地中海风格
之间也摇摆了整整一年。地中海的
拱门样式收集了整整一个剪贴本，
东南亚的家具样式存满了几个文件夹。
设计师的一句话让这一年的小纠结迎刃而
解:都是度假风格，为什么不能合在一起呢?
好吧，那就让东南亚正面遭遇地中海；
让大气沉静全面 PK 小清新吧！
别怕把水搅混，兑出的将是 Vivan
最想要的假日味道！

Project Information
项目信息

设计师：
D6 设计 陈燕燕
建筑面积：
99 平米
使用面积：
80 平米
户型：
两室两厅
风格关键词：
沉静东南亚风格 + 地中海拱门线条

客厅和卧室是地道的东南亚风格设计，暗雅的色调有一种古朴自然的感觉，休闲而自然。装饰材料均以质地较粗糙的天然材料为主，家具都选用实木材质，且多以直线为主，没有多余的累赘。客厅木制家具与沙发木架的装饰造型，以冷线条分割空间。木质纹理的背景墙代替一切繁杂与装饰。而丝质面料的抱枕、白色飘窗，让家散发着挥之不去的温润气息，使人感到一种踏实的舒心。

卧室选用了与客厅风格一致的家具，深色木质的材料，有种内敛谦卑的感觉。木架与床头装饰相呼应，花卉图案的白色床品、白色飘窗，度假风情油然而生。田园装饰画、水晶灯在一定程度上打破了空间的沉闷，阳光透过白色窗帘照进室内，盛夏的南亚风雅气息扑面而来。简单整洁的设计，营造出清凉舒适的感觉。

风格点窍：

表现东南亚风格的材质和元素

东南亚风格多采用天然的材质，使居室变得自然古朴。木材和其他的天然原材料，如藤条、竹子、石材、青铜和黄铜、深木色的家具等都是不错的选择。局部可采用一些金色的壁纸、丝绸质感的布料等，并且可以通过灯光的变化体现稳重及豪华感。

选择家具时，应注意避免天然材质自身的厚重可能带来的压迫感，样式以明朗、大气的设计为最佳选择。颜色应控制在棕色或咖啡色系范围内，再用白色全面调和。

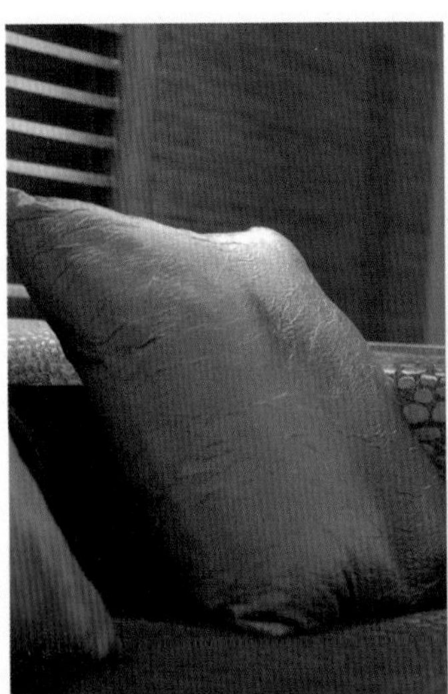

弧线连通的地中海

Vivan 不再拘泥于特定的风格，别致的小错层内融入了地中海风格的小弧线，柔美的线条处处透出生活的气息。进门处的鞋柜原本是一面墙，设计师将原本的墙面敲掉，设置了一个鞋柜以及连通厨房的拱形门洞，让厨房和客厅的空间更通透，采光和通风也变得更好。交房时，餐厅和厨房是用玻璃移门分割的，现在设计师也做成了一个异形门洞，与进门的拱门呼应，让餐厅的空间显得更大、更通透。小错层本来只有单纯的台阶，加上了弧形扶手后，使空间更灵动、更整体。

进门处餐厅与厨房之间的玻璃门也被拆除，设计成一个异形门洞，两边拱门的呼应，让空间变得更为通透。白色的底板，薄荷绿的墙面，再配上深木色家具及浅色地板，整体色调暗雅，却别具一格。

餐厅一侧是木质纹理背景墙，让空间显得质朴自然，整体环境透着一种清新和优雅。墙面的两幅装饰画色彩浓郁跳跃，用局部的艳丽色彩点缀，冲破了空间视觉的沉闷压抑。斑斓的色彩其实就是大自然的颜色，色彩上的回归自然也是东南亚家居的特色。

餐桌上方的弧形吊顶灯，别具一格，神秘的紫色、泛黄的灯光，摆放的精致陶具，独特的东南亚元素使居室散发着淡淡的温馨与悠悠禅韵。餐厅的吊顶与异形门洞一致，有一种空间的立体对称。

厨房两个拱门的设计，将厨房变为开放式，增加采光的同时，无意间也为走廊添了一抹风景。地面铺设仿古地砖，菱形的变化拼贴，与木质表面的橱柜搭配相得益彰。墙面方形、菱形瓷砖的铺设富于变化，整体棕色系的色彩统一，与墙面薄荷绿的色彩相呼应，沉稳中带点活跃，有种置身于田园的意境。

卫生间则多了一抹古朴自然而质朴的感觉。蓝灰和紫红的主色调，瓷砖拼贴与大色块的设计为其增加了变化。中间的马赛克拼贴腰线，作为过渡，在金色框的镜面下，更显温馨。

房中的小错层原本只是台阶的设计，设计师在两边加上弧形扶手、拱形门框，整个空间更加灵动。正对着的洗手间的门做成漆画门，打破原有普通房门的平淡，变成一个玄关效果，浓郁的色彩，夸张却一点都不花哨，带有热带丛林的味道。

风格点窍：

混搭地中海

厨房的拱门、异形门洞、小错层的弧形扶手、餐厅的弧形吊顶，都带有地中海的风情。而温暖明快的薄荷绿、白色，融入了更多阳光的活力，这种色彩深浅搭配、形状直曲线的相融，打破了空间的沉闷，整体环境透露着一种清新和优雅，让居住者身心倍感愉悦。

17. 室雅何须大——破解中国风

在中国文化风靡全球的现今，
中式元素与现代材质的巧妙兼揉，
明清家具、窗棂、布艺床品相互辉映，
再现了移步变景的精妙小品。
在探寻中国设计界的本土意识之初，
人们开始从纷乱的"摹仿"和"拷贝"中整
理出头绪。欣赏新中式的人群是
充分自信并且有创造力的。

时下年轻人爱舞文弄墨、品香茗的并不少，带上玉佩、穿上中装时下还是种流行呢。自小在书香门第长大的简写得一手好字，装修房子时，简当然首先想到的是蕴含着历史积淀和家学传承的中式风格。既想有中式的文化意蕴，又不想要老式深宅般的古板和沉闷，毕竟她还很年轻。

于是，设计师用专业的角度选择了新中式风格，轻易地融合了中式古典与现代简约，让小小的房间既有中式的大气又有现代的轻灵。主要目的是面积要像扩大了几倍似的，超值。

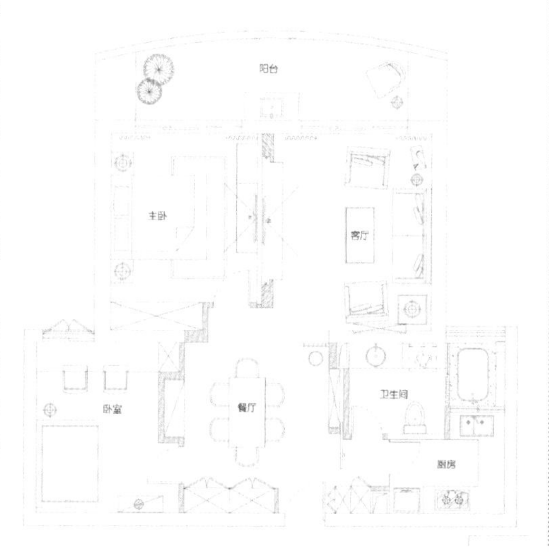

Project Information
项目信息

设计：
D6 设计
面积：
87 平方米
户型：
一室两厅
主体风格：
简约中式
设计亮点：
电视背景墙
主人：
喜欢中式的年轻人
客户需求：
拓展储物空间
设计关键词：
东方、清雅含蓄、端庄丰华
适合人群：
性格沉稳、喜欢中国传统文化

也有简约

一进房间，白色轻盈的主色调，晶亮的烤漆门板和家具，都透露着现代的简约。但细细品味，西式的底色里又充满中式的韵味。进门即见玄关处的中式花板，让客厅变得若隐若现。而中式体积、深棕色的简约风格家具也给房间带来了中式的沉稳气息。

将柜门处理成大气的中式入户双开门的模样，并安上了狮头铜环，与柜门外的玻璃镶边一中一西，相映成趣。小户型最需要解决的自然是储物空间的不足。在餐厅和客卧中，不露声色地安排了多处壁柜，每一处的柜门都处理地别致而漂亮。进门赫然见白色烤漆的狮头铜环双开门，和中式花板隔断一起成为别致的玄关景致。并在门外用镜子做了一圈门框，让你更有别有洞天的错觉。打开一看，却只是卫生间外墙边的一溜浅浅的壁柜。而客卧内壁柜的背面墙被打通至餐厅，并在餐厅中客卧门的对称位置，做了一个一模一样的假门。左右对称让不大的餐厅流露出中式特有的庄重大气感。仿古砖、中式飞檐镜框、蓝花瓷灯罩，给卫生间注入了中式的风情。卫生间开向客厅的小窗外，用中式花板遮挡。

浮雕背景墙

射灯将浮雕书法墙的凹凸感表现得淋漓尽致。用书法刻成的浮雕式背景墙，与中式风格的简约沙发搭配得天衣无缝。说起中式风格，自然少不了工笔花鸟与遒劲书法的妆点。但书法作品和绘画卷轴虽有中式的神韵，却和简约的情貌格格不入，过多悬挂反而会让房间显得沉闷老旧。于是，设计师将这些中式的“墨宝”都改良成了背景墙的装饰。餐厅与客厅的背景墙都做出模仿园林花窗的造型框，并在墙上手绘了中式荷塘，制造出如同透过窗户看向中式园林的古典情趣。沙发后的背景墙更是别致，将书法家的墨宝做成立体造型，做成白色石膏板立体背景墙，并用射灯将这种立体感进一步强调了出来。电视背景墙做出模仿园林花窗的造型，并在墙上手绘了中式荷塘。夜晚打开鸟笼台灯和背景墙灯后，中式壁画在柔和的光线中变得更有灵动气韵。深棕色的家具和屏风、木门，给白色简约的房间带来了中式的沉稳与厚重。

新中式降低预算高招：

烤漆变喷漆：烤漆柜门上的小小中式把手、书房门上方的波浪花版装饰以及木门上的竹篾编织纹理，都在不经意间点出中式简约的主题。在这套居室中运用到了多处白色钢琴烤漆的门板和家具。钢琴烤漆家具的价格相对较贵，如果运用白色喷漆，而后罩上两道亮光清漆后，会有类似的钢琴烤漆效果。预算也能大大降低。

手绘变写真：这套房间中，花鸟画手绘墙最是亮眼。手绘一面墙需要一周时间，且画工的价格更是不菲。其实，找好画面，去广告制作公司用写真布印好，并用墙纸胶贴在墙面上即可，比手绘的价格低，时间短，因为都是名家手笔，画面也会比普通手绘更好。

新中式

新中式，即简约中式风格，并非是局部地使用中式元素和家具，更不是把简约的和中式的拿来放在一起。它是按照中式的形貌，做简约的呈现。把所有的中式元素和布局规则都用简约的手法来表达。家具完全可以选择简约风格，但是从体积、色彩、细节、布局，都无一不体现出中式的情貌。

新中式的“符号”

对称：在客厅和餐厅中，无论是家具和装饰，都可以采用对称的布局，以显出新中式风格的沉稳和大气。

符号：在简约风格的家中，运用熟悉的中式文化符号，如中国古典花鸟绘画、云纹龙纹图案装饰、老式花板、明代家具、狮头门环、屏风等，只要色彩比例搭配得当，就能轻易呈现出新中式风格的庄重与古典来。

层次感工具：垭口、博古架、屏风、窗棂。

中式风格要点：

中国风的构成主要体现在传统家具（多为明清家具为主）、装饰品及黑、红为主的装饰色彩上。室内多采用对称式的布局方式，格调高雅，造型简朴优美，色彩浓重而成熟。中国传统室内陈设包括字画、匾幅、挂屏、盆景、瓷器、古玩、屏风、博古架等，追求一种修身养性的生活境界。中国传统室内装饰艺术的特点是总体布局对称均衡，端正稳健，而在装饰细节上崇尚自然情趣，花鸟、鱼虫等，精雕细琢、富于变化，充分体现出中国传统美学精神。忌：有些中式风格的装饰手法和饰品不能乱用，否则会带来居住上的不适。

如何营造新中式氛围

以简单的直线条表现中式的古朴大方。在色彩上，采用柔和的中性色彩，给人优雅温馨、自然脱俗的感觉。在材质上，运用壁纸、玻化砖等，将传统风韵与现代舒适感完美地融合在一起。

配饰特征：新中式风格的饰品主要是瓷器、陶艺、中式窗花、字画、布艺以及具有一定含义的中式古典物品，精美的瓷器、寓意深刻的装饰画等，完美演绎历史与现代、古典与时尚的激情碰撞。

18. 奢华镜厅梦——大爱闪色家

有一小室，窗牖焕明，
器皆金纸，光莹四射，金采夺目。
所亲见之，归语人曰："此室暂居，金迷纸醉"。
当年大学宿舍寒窗苦读，考前突击读到这段
时，烛光下的宿舍仿佛神奇地亮了一亮，在
小希心里留下一片闪色的美好。置业时，已
是简约北欧风大肆流行，小希还是执着地
爱着她的金色和银色。历经大半年的寻觅，
BlingBling 的家终于慢慢显现出来。
"可能很多人不喜欢这种感觉，
但我很大声地说，我非常满意……"

Project Information
项目信息

设计施工：
1917

户型：
三室

风格关键词：
宫廷奢华风、装饰主义风格、BlingBling

装修关键词：
入墙式座便器

流行元素：
斑马纹、豹纹

主体色调：
黑白 + 金属色

儿童房用色秘笈：
减弱主色调（闪烁黑白）的对比

闪色镜厅之梦

小希当初去巴黎凡尔赛宫旅游，被镜厅的闪亮镜面和银器深深折服。客厅也按照当时的风格印象做成了奢华闪银的色系。电视背景墙线条并不烦琐，所用的材料是小希喜欢的大理石和镜面，当然必然少不了金线条镶边。小希喜欢不同材质的碰撞，家中很多家具都选用了组合材料，客厅的沙发和贵妃榻都是绒和金属色的搭配。

餐厅用色相对较暗，用对称的布局体现出华丽感和宫廷气质。而卧室也承接客厅的色彩和材质，银色软包、绒、金属色、皮草等多种材质把奢华发挥到极致。

即使是卫浴间，也要够奢靡。金银色调是必须的，更闪的马赛克带着强烈的反光。不规则的花纹更增加了这种幻动感，于复古中带有强烈的梦幻色彩。

细节放大：
入墙式座便器

它又被称作悬挂式座便器，或挂墙式马桶。它与隐蔽式水箱组合而成为一套完整的座便器。

由于挂厕的使用还消除了卫生死角，让打扫变得更加轻松。传统落地式座便器与地面接触的部分，以及背部都不易清洁，容易滋生细菌。将马桶悬挂起来不与地面接触，就再无卫生死角，卫生间变得更干净更美观。

风格链接：宫廷奢华风

17 世纪法王路易十三、十四专制王权时期，法国的建筑普遍应用古典装饰，内部装饰丰富多彩。该时期建筑的特点是规模宏大、造型雄伟，尤以宫廷建筑和内饰为最。现代宫廷奢华风格装饰以法国建筑富丽堂皇的宫殿风格为设计灵感，在花纹和色彩上体现出奢华高贵的宫廷感。

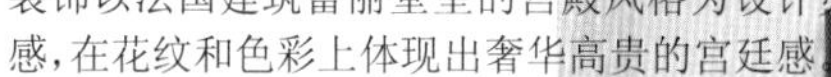

什么是 BLINGBLING STYLE？

BlingBling 即闪闪发光的英文，从时尚 T 台慢慢渗透入时尚家居风格中。它通过闪光的材料将招摇、高调的风格借 High Fashion 的闪色手段提炼而出。如[illegible]等装饰材料都是这种风潮的代表材质。

BLINGBLING 奢华系色彩搭配法：

用[illegible]加强了整体设计的亮度，衬托出华丽高贵的气质。黄金、铂金与闪光质感结合，打造出晶莹透亮、艺术感极强的闪亮效果。

淡雅奢华公主屋

BlingBling 对于 5 岁的安安来说似乎太“辣”，会“吵”的睡不着觉。但 BlingBling 毕竟很好看，她也想把这种气氛带回到自己的房间。粉色是大多数小公主不拒绝的色调，安安玩起了素雅风，即把黑白对比减弱，减成粉色调，这样就可以美美地睡着了。而从整体上看，和客房和成人房之间的关系是紧密又不重复，多元而不凌乱，显然是一个系列设计的多元衍生。
公主总有一天变成女王，索性，把女王印在床单上，大大的，美美的。

19. 漫步云端，小奢怡情——挂画和灯光照明艺术

Project Information
项目信息

设计：
设计年代
亮点：
红云电视墙、墙面挂画
主要材料与家具：
大自然实木复合地板、BHS 餐桌、大普圆床

那年两人在黄山之巅，
漫步云端之中，徜徉于云海，
栖住在靠近太阳的地方，
云作衣、霞当床，一起看日出日落。
那种掩耳不听俗事纷扰与喧嚣的自由让
两人印象深刻。“如果每次回家，也如高山之巅
的霞光环绕，忘却一天的工作烦恼，该多好？”
小燕对家有着特别的云端梦想。
于是，设计师将红色的云朵运用到家居装饰中，
目光所及之处，云儿以不同的姿态飘于家中的
各个角落，似是从尘世间到了另一个无拘无束、
尽情放松的优美空间，
心忽然变得柔软而纯净，
一天的紧绷状态也在回到家的
一瞬间迅速放松开来。

小奢怡情

“大奢忘本，小奢怡情。”小燕俏皮地说。在简约风中，小燕并不拒绝家中加入一些适度的舒适小奢。房间中大自然的橡木实木复合地板和客厅中的地砖并用，既有温暖脚感又有简练外观。客厅搭配超深的沙发，可以供人舒舒服服地蜷卧。“一般身高 160 以下的坐进来不靠靠垫的话脚碰不到地。”BHS 白色烤漆餐桌与地面的玻化砖完美搭配，餐椅则选择了两个牌子大胆混搭，2 张玫瑰花图案的高背椅配 4 张仿鳄鱼皮纹矮沙发，再配上水晶灯，让餐厅在简约中透出奢华的调性。

卫生间中，也不忘玩一把小奢，银色的马赛克制造出闪烁的效果。由于卫生间只有小小的一个窗户，采光不佳，于是洗手台后的墙面做了几块磨砂玻璃窗，从卧室借光。玻璃隐约可见复古的花纹，搭配金色镜框效果非凡。

和卫生间一墙之隔的卧室，更是流露出奢华的氛围。洗手台后的磨砂玻璃墙刚好成为卧室的床边一景。超大的大普圆床有着高高软软的靠背，扣合天圆地方的概念。因为卧室较大，就在床后隔了两个衣帽间，小燕和先生一左一右两个衣柜，各安其位。

墙上的精彩

客厅中，几乎每面墙上都有风景可看。最突出的，当然是电视背景墙的红云造型。而餐厅和客厅沙发后的挂画也为墙面增色不少。

即使是移门林立的吧台区墙面，也做得非常用心。左面的厨房移门和中间的储藏室移门分别采用玻璃和木质，在相似的形态中体现材质的区别。而吧台连着转角处的玄关，运用白色的祥云隔断和褐色墙纸，让这块区域的墙面显得异常出彩。

厨房边的墙面上，更是应用照明搁架，将灯与搁架完美结合，并做出与地面玻化砖相似的几何图案，让墙面与地面完美呼应。

Tips：

灯光照明　突出墙面

如果你的墙面有漂亮的挂画或者壁纸，那么有技巧地利用一些照明，会让墙面显得更出色。

聚光灯：许多美术馆和餐厅商店，都以聚光灯为墙上的装饰品勾画出无形的展示空间，在家也可以如法炮制，用聚光灯立体地展现艺术品的格调。例如，让一支小聚光灯直接照射挂画，效果更精彩。

日光水银灯：如果家居风格轻松简朴，日光水银灯会更自然地让图像融入室内空间，看起来更舒服和谐。但注意暖色光与冷色光的照射比例，尽量使墙面色不要太过惨白或昏黄失真。

挂画注意色彩呼应

挂画色彩上和室内的墙面家具陈设要有呼应，才不显得孤立。如果是深沉稳重的家具式样，就要选与之协调的古朴素雅的画；如果是明亮简洁的家具和装修，最好选择活泼、温馨、前卫、抽象类的。同时，在室内的走廊、楼梯、门厅处可以挂一些风景画，起到点缀和提色的效果。

20. 华丽复调——藤与木的田园地中海

Project Information 项目信息

风格：
田园 + 混搭
面积：
110 平方米
设计施工：
麦丰装饰设计有限公司 陆宏
半包造价：
9.8 万（含 3 万的家具制）
主要用材：
仿古砖，壁纸，铁艺，文化石

卡农 (Canon)，
是复调音乐的一种，
两种调性缠绵极至，如生死相许的爱情，
却在平稳与对位法中演奏出温婉和谐的乐章。
May 和小岳都生在和煦的五月，
两人的相识缘于一次古典音乐会，
波澜不惊却惺惺相惜地走到了一起。
音乐与设计艺术的相通早在上个世纪就有定论。
设计师也用“复调”的手法来表现出两人爱情
故事中的和谐与浪漫。田园和地中海相随
相伴在每个空间中，走进房间，
恍然身临其境地哼起
当年的卡农旋律。

田园遇见地中海

小岳喜欢地中海的随意和粗犷，May 钟情田园的温婉和细腻。于是，地中海风情的拱门和白色家具，混搭田园风的色彩与软装，成为房间的复调旋律。吊顶的铁艺装饰、蓝绿色的花纹，让房间变得柔情而浪漫。

拱形除了用作门洞处理和墙面装饰之外，更以壁龛形式出现，给墙面增添了很多收纳空间。书房门口，利用了墙壁上掏出来的空间，作成壁龛和搁架，为收纳创造了条件。

藤和木的永恒缠绵

May 在装修之初，心目中就有一个西方电影中常见的经典场景：伴随着日落黄昏时分的徐徐清风，漂亮的女主角坐在庄园外一张藤制的悬挂摇椅上轻轻摇曳，一旁英俊的男主角手扶摇椅，充满爱意地看着他心目中的女神，整幅画面唯美又动人。

带有田园浪漫与地中海风情的白色做旧家具，每件都是藤和木的结合，成为卡农复调中的点睛之笔。上乘的木料、细腻的藤艺编花、考究的做旧漆面，每一件精致的木家具都是那样耐人寻味，像是一件件传家宝，带着古老的故事，每次触摸，都会勾起无限回忆。藤的清新与浪漫赋予了更多的灵动和脱俗，也让藤木结合的家具的独特魅力无与伦比。

藤木家具

“藤”有柔软的自信而硬度不足，而“木”有不阿的耿直却线条生硬，藤木结合的家具弥补了木制家具的生硬、藤制家具的硬度不足，藤与木的结合碰撞出刚柔并济的力量。一般藤木家具更适合于夏天使用，而如果要产生“冬暖夏凉”的效果，则必须在藤面上摆放布艺坐垫或软装等增加温暖度，这样即使在萧瑟的冬季，也不会觉得寒冷。

Tips：

适合精致风格家具的木材有哪些

水曲柳

水曲柳的光泽很好，纹理有直有斜，干燥速度慢，不易翘曲。木材的韧性很好，容易加工，而且切面十分光滑，适合做出各种造型。

樱桃木

樱桃木具有细致均匀的直纹，纹理平滑，带有棕色的斑点。它具有良好的弯曲性能，很适合机械加工，钉、胶的固定性能也很好，砂磨、染色及抛光后可以产生平滑的表面，适合制作高级细木工制品。

21. 在养眼绿色中穿行——清新中式风

设计：
D6
主体风格：
新中式 + 田园
主要色彩：
驼色、绿色等
设计亮点：
中式隔断，清新配色

对小孙来说，
家是只属于自己的绿荫芳草地，
可以让自己撒野打滚，尽情放松，自由呼吸。
“风格嘛，要一点点中式，一点点简约，
一点点田园就好。”设计师知道，
其实小孙想要的并不是一个特定的风格，
而是一种家的清新感受。
无论哪间房间哪种风格，
设计师都用绿色加以贯穿，
让房间处处透出绿意。

中式家具点睛

客厅采取了新中式与现代简约风格相结合，更显开扬大气。新中式风格虽然“新”，但仍然要坚持意境悠远，让空间焕然一新、别具一格。在硬装上设计师尽量减少中式的痕迹，而选择局部使用中式家具，可以让房间呈现出新中式的意蕴。

洗手间的干区用古柜着色，墨绿的色彩中透着斑驳的木纹，诉说着现代而又古老的故事。淘来的旧窗框被用作镜框，用木器漆染色后与古柜搭配相得益彰。而背后的墙面则用深深浅浅的绿色小砖打造出活泼的视觉效果。洗手间边的老花版则用喷漆做成白色，在半透半掩之间流露出新中式的情调。

而餐边柜则是一只中式手绘荷叶漆柜，多格抽屉让分区收纳变得轻而易举。既有装饰感，兼具实用性。

深青浅绿总相宜

虽说是以绿色作为主色系来贯穿各个空间，但设计师却不限于只使用一种绿色，从墨绿到浅绿，从草绿到蓝绿……每个房间，都根据风格选择不同的绿色，在深深浅浅的变化中，让绿变得目不暇接。

1. 悠然淡定

洗手间干区配色技巧

墙面：延续餐厅的浅驼色系墙面，充满禅意，使空间显得温暖而安详。

家具：选择墨绿色系的家具，在温暖沉静中给空间带来清凉感受。

软装：用一些质朴色彩的物品，比如陶土色的茶具，深褐色的地垫等能进一步强化空间的沉静气质。而适当搭配白色的镂空花板则能给空间带来现代和明亮的感受。

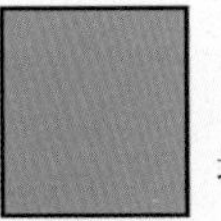

墙色

家具

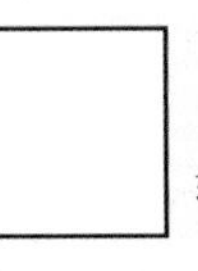

软装

2. 淡雅春意

卧室配色技巧

墙面：具有和谐能量和欧式意味的蓝绿色让人身心获得解放，舒缓压力与激动的情绪，让人仿佛进入了自然的怀抱。

家具：选择米色系家具能使空间显得宁静安详而明亮。

布艺：花朵的图案和粉红粉绿的色彩搭配给空间增加柔美自然的感觉。

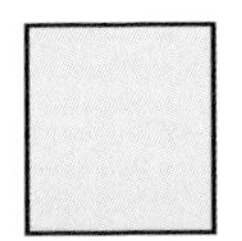

墙色

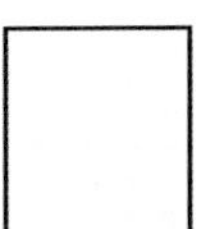

家具

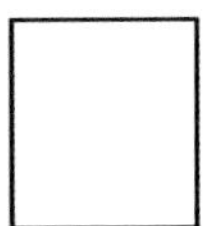

软装

墙色

家具

软装

3. 草绿清新

书房配色技巧

墙面：想让空间充满健康明快的氛围？墙面选择草绿色准没错。清新舒展的草绿可以给空间降温、降压。也可以让房间春意盎然，给人焕然一新的感觉。

家具：选择浅木色系家具与绿色墙面搭配，给房间清新透气的自然感觉。

布艺：通过使用粉色系条纹布艺以及台灯、靠垫，增加温馨感。

22. 南岸地中海——混搭度假生活

Project Information
项目信息

设计：
1917
主要材质：
手抹墙、马赛克
主体色调：
白色
建筑形式：
拱门、地台
风格关键词：
地中海风格

Will 已过了而立之年，
有自己幸福的家庭，安稳的工作，
终于可以大胆地追求自己心中的品质生活，
过过度假般的日子。前期沟通时，他说过，
十分向往地中海的蔚蓝情怀，纯美且干净，
但又怕年纪一长，
会对那种轻飘的蓝白色产生厌倦。

设计的基调，是从一个从意大利带回的风化的陶罐定下的：白陶的质感，玻璃的材质，简洁的色彩，最朴素最寻常的样式。“在以前见到的很多地中海式装修中，有些显得过于轻飘飘，有些则显得过于重，有的则透着匠气。”在开工之初，Will 给了设计师这个罐子，说：“我要的，是这种感觉的地中海风格。”

沉静休闲风

Will 心中的地中海，是拙朴、休闲、随意、以白色为基调但带有沉静的调性。于是，在和设计师商量后，忍痛舍弃了最初门口的蓝色马赛克立柱，而只保留了楼梯台阶和卫生间局部的马赛克，以应和地中海的马赛克拼贴风格；舍弃了很有效果的拉毛墙面，而用圆润平滑的手抹墙来代替原始的手工感。在空间上设计师也尽量利用原来的结构，做局部的处理，使得整个空间统一干净。而在色彩上，除了天空蓝和云朵白两个主色调之外，更引入了南岸地中海的厚重棕色系。如此，一副精致丰富的地中海画卷慢慢地晕染开来，随着时间的久远渐渐沉淀出浸透了岁月的纯净和舒适。

休闲式客厅

地中海的恬静，美式的轻松，欧式的繁华典雅……诸多的风格在家里汇集，温暖的阳光挥洒在房间里，Will 营造的地中海风格是一种属于自己的恬静生活态度。Will 的公共区域融合客厅、餐厅以及开放式的书房，设计师将这个区域的地面抬高 10 厘米，与跃层台阶融为一体：客厅跃层台阶边的白灰泥墙，墙上浑圆的拱型书架营造出蜿蜒而具层次感的空间形态。

台阶的曲线和转角处理圆润朴拙，弱化了转角的锐度。而客厅的沙发区，则选择沉着的灰绿色和棕色调，给人一种温暖的安全感。约朋友闲聊或独自侧卧都很轻松舒适。

餐厅里的“圆”字诀

餐厅装修，扣合一个圆字诀，圆形的吊顶呼应圆桌和圆润的墙面、卡座。而餐椅椅背上弧线的再次出现，既美观又舒适。复古的吊灯与顶面上放射状十字架吊顶相呼应，有种低调的奢华味道。

Tips：

如何搭建地台

一是砌砖，上面可以贴瓷砖或者做木装饰，但以后想要拆掉就不那么容易了。并且这种做法会增加楼板的重量，如果老式公寓地面不够结实，则不建议采用。

二是用6×9的木方做成格子固定在地上，表面封上细木工板，外面再贴以装饰面板喷清漆或者色漆，也可以直接铺地板。

具有明显地中海乡村风的道具

1. 半挡门

2. 带有法式经典元素的高脚浴缸和乡村风格的木栅格

3. 乡村风格的文化石、文化墙

4. 乡村风格的小信箱

5. 凌乱花草插枝

6. 印花靠垫

7. 藤条箱子

季节性室内装饰
——春夏秋冬家居换装

部分图片：Maison&Object

今季流行撞色。不少家居用品店的浅绿色、天蓝色、桃红色的床套、窗帘、墙纸等室内软装饰产品销售格外红火。冬季厚重的窗帘、温暖的沙发垫现在大多已经换上了浅色调的春季用品。沙发套、灯罩、小抱枕、浴室的小挂帘、墙上的装饰画等室内装饰是目前市民经常更换的东西。这些软装饰更换时花费不多，却能给家庭带来耳目一新的感觉。

春季小清新

春季可以更换成印有清新图案的布料，软装饰的底色可以选择粉色、浅黄色和嫩绿色等，这样就使室内软装饰更贴合春季特色。如果能够在墙壁上再点缀一些以春天为主题的水彩画或者油画，将会取得更好的效果。

玫红色，浪漫温馨，处处透着小女人的细腻与时尚。红配绿，选用淡绿色的床品，台灯，卧室充满着自然的清新气息。这样的卧室，容易给人带来温馨的感受。

时下都在流行简约装潢，这样就更容易根据不同的季节辅之以季节性很强的软装饰。使用常变常新的季节性软装饰可以提高家庭的乐趣，让人在家里获得更多的归属感。

酷暑不难挡

夏天室外的温度正在逐日攀升，闷热得无力外出避暑，那就让我们在自家发挥创意，挥洒热情，用清淡的颜色为家穿上一件明快的外衣，感受一份清凉自在的居家惬意。

夏季的客厅建议选用浅色装饰，不仅耐看，还能让来到家中的客人有耳目一新的感觉，也能帮你消除一天奔波的疲劳。松软的海绵沙发不再受宠，给这些笨重的家伙换上清新的夏装，让视觉通透的玻璃茶几引领它们瞬间轻盈起来。房顶嫩黄色的灯带、白色的沙发背景墙，一切都充斥着淡淡的轻快感觉。

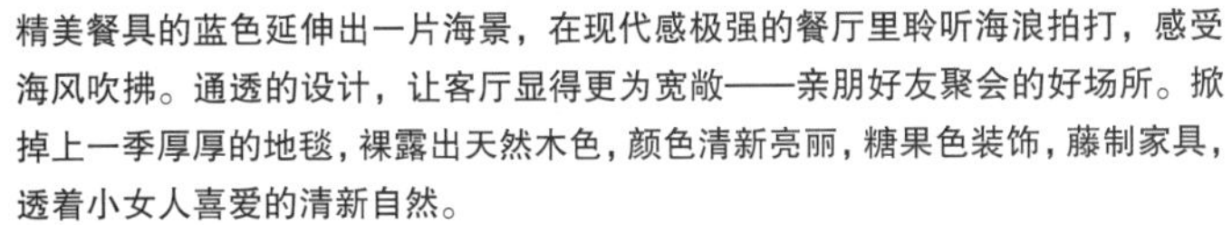

精美餐具的蓝色延伸出一片海景，在现代感极强的餐厅里聆听海浪拍打，感受海风吹拂。通透的设计，让客厅显得更为宽敞——亲朋好友聚会的好场所。掀掉上一季厚厚的地毯，裸露出天然木色，颜色清新亮丽，糖果色装饰，藤制家具，透着小女人喜爱的清新自然。

尽量多使用不锈钢、玻璃等冷感度较强的物品。玻璃质地的洗手台，增加了空间的透明感和层次感，从视觉上起到了降温的作用。台面一盆娇艳的花卉，正是火热夏天的写照。

如果你很喜欢红色，这个季节，不要再红配黑了，让红白色作为主调的设计，温馨舒适。红白色为主调的设计，灯光的作用非常明显，显得温馨舒适。红色，白色，粉色，薄纱幔帐，纯粹小女人的最爱，很有婚房喜庆的味道。而这个季节，如果你喜欢这些红色系，要尽可能的淡化，才会感觉清凉。而最适合这个季节的其实是冷色调，即蓝色、绿色等。夏季的卧室宜保持温和清爽的色彩，最大限度地提高其舒适度。低姿床具更加贴近自然，让人享受与地面亲近的感觉，类似榻榻米的设计，简易的书架，小巧的书桌，增加一些小饰品，相信会给空间带来更柔和的感受。

C

丰收色调定义秋季

色彩是家居换季最鲜明的音乐符号，红色、橙色等暖色都是秋日窗帘的首选颜色，配以简单大气的抽象图案，做出颇有层次感的布艺，整个客厅都会生动起来。芬芳的鲜花、草绿色的桌布，不张扬却很明亮，色调非常和谐，温馨的感觉让时间定格于此。

随着夏季炎热的淡去，换上一床清爽温和的秋季床上用品，保证宜人的秋天里夜夜有个舒适美梦。洒脱硬朗的方格和条纹花式床上用品成为床上主角，橙色、紫色等冷色调也开始大行其道，用布艺将整个空间温情地包围，日渐而来的凉意被拒之门外，同时令家居更加多姿多彩。

TEA
COFFEE

温暖冬季呵护全家

天气一天天的变冷，没有人希望下班回家将要面对一个冷冰冰、没有活力的家。在冰冷的冬天里，卧室中什么样的软装搭配才会给人一种温暖如春的感觉？一个成功的房间花费了设计师无数时间在思考。冬天的家庭装修，人们常常会选择通过改变墙壁的颜色，改变卧室床品、窗帘、沙发套颜色等方式，或者增加一些布艺玩偶、光泽柔和的台灯等小的物件，从小的方面帮家整整容。新家新面貌，也会给人们带来好心情。

人们回到家中，最先步入客厅，想要为客厅增添暖意，建议可更换客厅的窗帘和布艺沙发的布套。窗帘和床品是卧室中重要的软装饰，这些大色块更容易影响人们的心理感受。把它们更换为暖色布料，很容易产生温暖的感觉。居室的某个角落，摆放一盏风格和谐的台灯，不仅具有实用的功能，还可能成为居室中的点睛之笔，温暖整个冬季。

季节性的红白卧室

乡村小屋风格的居室为我们展现了经典的红色和白色搭配的设计，非常具有季节性的感觉。粗棒针针织毛毯，红白格子床单搭配洁白的墙壁，轻松完成风格打造。田园风格，碎花沙发和绒绒的地毯，能给寒冷的冬天带来别样的温暖。

性感的兽皮卧室

这一切都与今年冬季时尚的豹纹有关，不仅仅是服饰，家居软装也可以赶上这个潮流。牛皮地毯提升了一个普通房间的档次，而人造毛皮更增添了些性感的味道。请务必保持外观简洁明快的感觉，以避免变得廉价和俗气。

异域摩洛哥卧室

大胆的色彩使用和复杂的图案运用，细工家具等所有细节工作，共同创建了这个异国情调的卧室。绗缝床罩是充满活力的印度风格的面料。这种搭配的关键是保持背景的简洁，只用软装饰就可轻松完成打造工作。

毛绒触感温情冬日

毛绒触感舒适、亲切而温暖，在寒冷季节给家中增添毛绒物件才是王道，毛绒地毯、毛绒家具、毛绒披毯、毛绒拖鞋，甚至是家中的暖宝外面的毛绒套，轻松提升空间暖意，且造型有趣，也是极好的空间装饰品。具有丰厚手感、质地柔软的地毯是秋冬为家增添温暖感的良品，可以起到隔潮隔凉的作用，消除地面的冰凉感，并让居室更富质感。

逢节日，巧装饰

品种繁多的节日让我们懂得生活的意义，依照不同的节日，选用与之相匹配的装饰物件来装饰空间，家具换装，你的心情也更好。

红绿撞色配圣诞

红色圣诞花和圣诞蜡烛，绿色圣诞树上悬挂着五颜六色的彩灯、礼物和纸花，还点燃着圣诞蜡烛，窗台上摆放了银色驯鹿装饰品。红色与白色相映成趣的是圣诞老人，小朋友们在圣诞夜临睡之前，要在壁炉前或枕头旁放上一只袜子，等候圣诞老人在他们入睡后把礼物放在袜子内。窗帘上的雪花挂饰，摇曳的烛台泛着淡黄色的亮光，给寒冷冬夜带来了丝丝温暖。餐桌上还精心放置了具有浓郁圣诞氛围的“松果”，在这里享受一顿丰富的圣诞大餐一定是一件十分幸福的事。

装饰元素：圣诞袜子、圣诞帽、圣诞花环、蜡烛、铃铛、圣诞树、圣诞红、雪人、姜饼等。

红色主题春节

红色，寓意吉祥、活泼和热烈，是最适合庆祝春节的色彩。在春节时，给沙发换一套喜气的椅靠，挂两个中式灯笼，门口贴一对吉祥的春联等小点缀就可以让家居变得热情起来，给寒冷的冬天增添了几分温暖和情调。将背景墙设计成极具中国风格的大红色，贴上精美的剪纸，“年味儿”十足。家具虽然不能轻易丢掉，但是可以通过坐垫布艺的变化呈现出不同的风情。传统的春节，大红色花纹的坐垫很能够烘托氛围。换一套带有红色底纹的餐具，恰巧与大红色灯饰契合，散发出低调奢华的独特魅力。在卧室添上一盏别致的灯笼造型灯饰，让它照耀着全家人的幸福。

装饰元素：红包、春联、剪纸、中式果盘、招财进宝、年年有余、梅花、爆竹、春联、中国结、灯笼等。

风格植物，绿色软装

完美装潢之后，你是不是需要一些花草点缀家饰、衬托风格呢？走进花卉市场，你会不会因为挑花眼而失去搭配原则呢？其实，作为一种独特的软装，绿色植物和花盆也有着自己独有的风格。一棵好的植物会让家中的风格更加强化。这就根据你家的风格细细挑选可心的植物吧！

A

现代简约——简洁利落随心搭

现代简约风格的家居设计以简洁明快为主要特点，同时张扬个性，色彩和造型运用很大胆，是家居界的“百搭”风格，绿色植物的选择也没有那么多条条框框。大胆发挥你的想象吧，只要不是格格不入，没有什么不可以。放几盆吊兰在电脑桌的书架上，立一株巴西木来净化空气，摆一盆散尾葵在飘窗前，随意且自然。甚至是你在踏青时带回的铁线蕨，都可以用于装饰你温馨的家。简约风格适合一些瘦高的细叶植物，这样会给你的居室增添艺术的气息。

现代简约气质的植物推荐：散尾葵、巴西木、吊兰、铁线蕨

B

中式风格
——宁静致远、大隐于市

中国风的装饰风格崇尚庄重和优雅，讲究对称美。色彩以红、黑两种为主，浓重而成熟。宁静雅致的氛围适合摆放古人喻之为君子的高尚植物元素，如兰草、青竹等。中式观赏植物注重“观其叶，赏其形”，适宜在家里放置附土盆栽。在屏风隔断处摆上一盆老树盘根的金弹子树桩头，或是在玄关处放置一处寒梅，都能将中式风格挥洒到极致。中国人讲求方正、平稳，叶片宽大的龟背竹、发财树正好体现这种气韵。

而青竹矮墙的隔断，配上蓑衣草编的卷帘，以自然清新的民俗为特色的中式田园风格，给了很多都市人一片“大隐于市”的净土。把小型贵妃竹栽进人工的篱墙里，再在四周放上几盆兰花草，仿若隐居于竹林深处。若是家里有水池景观，种上香莲，营造出水芙蓉、芳泽隐隐之景，尘世烦恼顿时抛之脑后。

中式风格植物推荐：

发财树、蝴蝶兰、龟背竹、君子兰、文竹、贵妃竹、兰草、梅、菊

中式风格花盆推荐：

釉面陶土盆、青花瓷盆

C

田园风格——细碎小物妆点玩偶之家

倡导“回归自然”的田园风格是现在很流行的家居设计风格。无处不在的碎花图案是很多人的欧式田园印象，碎碎的小花能把深咖啡色基调衬托得暖意浓浓。虽然欧式田园风格更多地是在门前、窗外摆设满满的鲜花与植物，但为了营造更地道的风情，也可在窗台种上各色小花；室内则可以去家居装饰小店选几个原木小方盆，或是藤编的花篮，放上五色小雏菊、野菊花。柜子的顶角处可以放一盆绿色藤蔓植物，让家里的每个角落都充满欧式乡村般的纯美享受。

同时，借助一些“玩物”来妆点，你也可以让自然界的虫鸣莺啼、农家小院的鸡鸭成群，一一在都市的花园中实现。小小改变，立刻让你的花园和家中变得充满田园的生气。无论你拥有私家泳池、超大庭院，还是只有一个小小飘窗的种植区，甚至只在出租屋内、寝室里养了一小盆花……这些都能成为你的“玩偶舞台”，每日上演精彩剧情。

欧式田园气质的植物推荐：

小雏菊、野菊花、藤蔓植物

欧式田园风格妆点推荐：

具有田园风格的别致玩偶和花盆插

BABYSITTIN
FUND
NELKEN
PA

地中海风格
——热带花草吹过海洋风情

从西班牙到意大利，从埃及到摩洛哥，地中海沿岸的绿叶红花就这样一路伴着你在阳光下闪闪发光，散发着海洋的风情，让你着迷。有了太阳般温暖的黄色墙壁，有了西班牙蔚蓝海岸般的桌椅，还想漂洋过海地把普罗旺斯的紫色香气带回家？那就在家里放上一盆薰衣草吧，金黄与蓝紫的花卉与绿叶相映成趣，形成一种别有情调的色彩组合。还有风信子、矢车菊、香豌豆花，这些热带植物都能让你置身于地中海充满花香的空气中。

地中海风格的植物推荐：

薰衣草、风信子、矢车菊、香豌豆花、仙人科植物

E

东南亚风格
——蕉叶椰香尽显泰式风情

精雕细琢的泰式图案、烛火营造的氤氲、风中飘来的阵阵熏香，都是东南亚风格内在柔美的绝佳体现。在装有少量水的托盘或者青石缸中洒上玫瑰花瓣，打造东南亚水飘花的浪漫就这么简单。当然还需要在雕木坐榻的一角放几株有一定高度的绿色植物，才有热带风情的真正内涵，类似芭蕉叶状的滴水观音就是最好的选择。芭蕉、棕榈、天堂鸟这些东南亚特有的植被，在稍微大型一点的花鸟市场上都能买到。风儿一来，椰香阵阵，一笑一颦尽收眼底。

东南亚风格的植物推荐：

滴水观音、旅人蕉、天堂鸟

玲珑布艺
——省钱又环保

部分图片来源：MAISON&OBJECT

布艺，即指布上的艺术，是中国民间工艺中的一朵瑰丽的奇葩。中国古代的民间布艺主要用于服装、鞋帽、床帐、挂包、背包和其他小件的装饰（如头巾、香袋、扇带、荷包、手帕等）、玩具等。以布为原料，集民间剪纸、刺绣、制作工艺为一体的综合艺术。如动植物身上的装饰性花卉等，都是通过剪和绣的工艺制作而成。这些生活日常用品不仅美观大方，而且增强了布料的强度和耐磨能力。布艺在今日有了另一种含义。当然，传统布艺手工和现代布艺家具之间没有严格的界限，传统布艺也可以自然地融入现代装饰中。

整体家居风格

不少厂商都打出了“整体家居设计”的概念，布艺从简单的窗帘、床上用品、坐垫等单一产品延伸到一个完整的系列。从沙发、桌布、床罩到窗帘都可以在一个地方配齐，更好地表现一种家居风格，搭配得个性而和谐。连灯光都很有讲究，配合布艺的特殊光泽和质感，带给人温馨的家居体验。

要想营造温馨、舒适的空间，布艺不可或缺，它是家居陈设中最重要的元素之一。布艺家具柔化了室内空间生硬的线条，赋予居室一种温馨的格调，或清新自然，或典雅华丽，或诗意浪漫。布艺装饰按照功能划分，包括窗帘、床上用品和地毯等。

布艺改善吸音效果

布艺在家居软装配饰中占有十分重要的作用，特别是在寒冷的冬天，用布艺温暖一方，让空间在温暖之余更显年轻活力。对于视听室或者书房来说，选择软饰墙面和地毯的一个很重要的功能就是吸音，能吸收来自外面的噪音，也能有效地增强室内的混响效果，有利于改善室内的声音环境。它们也能够帮助营造一个安静的环境，如果选择深色调，那么整个氛围将会变得比较严肃。

繁花似锦的温软卧室

女人用漂亮的时装来装扮自己，家里的墙面也可以穿上多彩的壁纸外衣。很多人都有让家居大变身的冲动。原野的清新、花朵的芬芳、绿叶的翠嫩，充满生机的壁纸既丰富了空间，又给人感知自然的想象。

花朵的美千姿百态，美感袭人，花朵床品，更能为卧室空间凭添一份纯美浪漫的感觉。当卧室风格极为简约时，大花朵可以化解硬朗的卧室氛围，为卧室增添别样的妩媚。床品布艺，要轻柔温暖的触感，更要有出彩漂亮的花样，今季好心情，就让花朵床品来相伴。

窗帘让家居大放异彩

家居软装越来越有新意，你得学会用布艺饰家，省钱又环保。窗帘的选购与搭配怎样才是最好的呢，现在市场上的窗帘有怎样的创意呢？一起来看看吧。

窗帘形式与花样也是日新月异。而窗帘的理想搭配方式，软装配饰师建议：在年龄层较低或较窄小的空间，可以使用活泼明亮的高彩度，而主卧室可以考虑时尚线条与浪漫花朵的绝妙混搭，甜美中不失优雅。推荐有线条感的花卉图案，古典花卉是表现贵族、华丽的最佳选择；线条花卉是营造清新感的第一把交椅；抽象花卉是展现创意、活力与生气的首选；实景花卉则是真实呈现花形的绽放……使用色彩和谐的“竖式”条纹和图案以装饰墙壁和窗户，用醒目的同色系但不同花色的窗帘使其与墙壁形成对比，以拉长空间比例。注意视觉的平衡感与协调比例，减压的首选是换套窗帘。

室内不同的区域，对于隐私的要求程度有不同的标准。如客厅这类公共活动区域，对于隐私的要求相对较低，大部分客厅都会把窗帘拉开，因此客厅的窗帘主要起装饰功能；对于卧室、洗手间等隐私性较强的区域，人们不但要求看不到，甚至要求连影子都看不到，这就要求消费者在选择不同窗帘时需考虑各个区域私密性的差异。如客厅可选择一些偏透明的窗帘，而卧室则应选用一些材质较厚的窗帘。

窗帘的宽度尺寸，一般以两侧各比窗户宽出 10cm 左右为宜。底部应视窗帘式样而定短式窗帘也应长于窗台底线 20cm 左右；落地窗帘，一般应距地面 2~3cm。

窗帘由帘体、辅料、配件三大部分组成。帘体包括窗幔、窗身和窗纱。窗幔是装饰窗不可或缺的部分，一般用与窗身相同的面料制作，款式上有平铺、打折、水波、综合等式样。辅料由窗樱、帐圈、饰带、花边、窗襟、衬布等组成，配件有侧钩、绑带、窗钩、窗带、配重物等。窗帘按造型可分为罗马帘、卷帘、垂直帘和百页帘等

跟我学：如何定制窗帘

- 定制装饰织物的技术规范、尺寸要认真对待，任何宽度、长度都必须精确。
- 就算每个窗户看起来大小一样，仍需一一单独测量。
- 所有的测量都应该用钢尺或码尺。
- 窗帘百褶要达到丰满效果，采用 3（布料宽度）：1（窗帘宽度）比例或 2.5（布料宽度）：1（窗帘宽度）比例亦可。

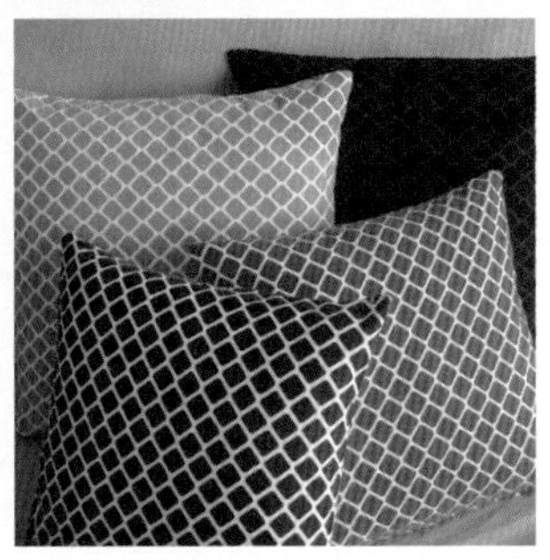

混搭风打造好心情

如今混搭风格的潮流是越演越烈，其实，你的家也完全可以混搭哦！

格子是最简单的复杂表达，以形似的样式表现着多种多样的风格。在家中一角布置一个“格纹”角落，让空间在可爱与大方之中自信地踏出甜美的舞步。

用另类的方式记录宝贝的成长，将尺子紧贴墙面，按照宝贝在不同阶段的身高，在尺子不同的标度侧面贴上宝贝当时的照片，温馨又有趣。

丝巾每季都会更换，色彩与花案时时不同。何不用它作为居室中的创意亮点？在巧思妙想间显示出大家之风。居室以白色为主题色，家具与沙发均为洁白，而墙壁上的丝巾挂画则色彩纷呈。真丝色泽柔和，绚烂不嚣张，与白色搭配完美。

点缀之物——靠枕

因靠枕使用方便、灵活，便于人们用于各种场合，尤其在卧床和沙发上被广泛采用。将其放在地毯上，还可以用来当作座垫。靠枕能活跃和调节卧室的环境气氛。靠枕的形状可随意设计，多为方形、圆形和椭圆形，还可以将靠枕做成动物、人物、水果及其他有趣的形象，样式上也可参照卧室内床罩或沙发的样式制作，甚至可以独立成章。

布艺分类：

餐厅类：桌布、餐垫、餐巾、餐巾杯、杯垫、餐椅套、餐椅座垫、桌椅脚套、餐巾纸盒套、咖啡帘、酒衣等。

中国传统工艺

绣花：针法很多，有铺针、平针、散针、打子，套扣、盘金，辫绣、锁绣等。绣花以地域、风俗的不同也分不同的风格与流派。南方地区的织绣历史比北方长，技术较北方高，风格细腻雅洁；北方用针较粗，配色亮丽。

挑花：即十字绣，要求严格按照面料经纬纹路，挑绣等距离、等长度的十字，排列成各种花纹图案的刺绣形式，有独特的变形吉祥几何纹装饰风格。刺绣时不伤布丝，能加强布料的耐磨损强度，此种针法适用于服装、手帕、头巾、围腰、门帘、窗帘等实用品，是刺绣中最早广为流传的一种针法。

贴花：布贴花是用小块不同颜色的布料拼接成各种图案的刺绣手法，又称“补花”。古代民间有给小孩穿“百家衣”的习俗，即向乡邻收集各种颜色布料拼制童衣，取百家保护、护佑平安之意。

厨房类：围裙、袖套、厨帽、隔热手套、隔热垫、隔热手柄套、微波炉套、饭煲套、冰箱套、厨用窗帘、便当袋、保鲜纸袋、擦手巾、茶巾等。

卫生间类：卫生（马桶）座垫、卫生（马桶）盖套、卫生（马桶）地垫、卫生卷纸套、毛巾挂、毛巾、小方巾、浴巾、地巾、浴袍、浴帘、浴用挂袋等。

装饰与陈设类：壁挂式有信插、鞋插、门帘和装饰类壁挂等，平面陈列式有各种工艺篮、布艺相框、灯罩、杂志架、各种筒套等。

垫子类：用于客厅和起居室以及其他休闲区域的各类座垫，其配套的形式和设计手法不胜枚举。

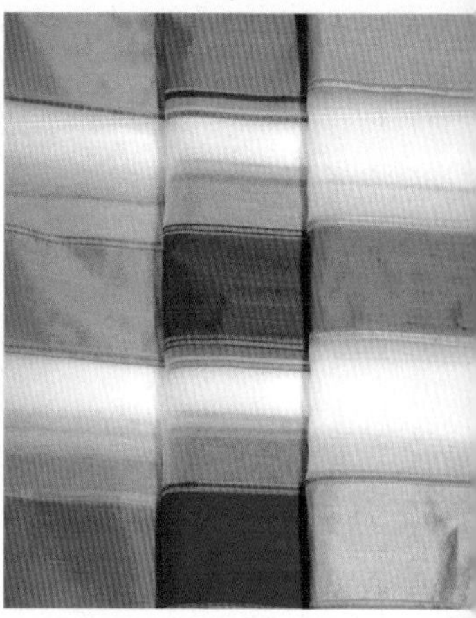

包装类：可用于制作各种花式箱包、手提包、购物包等凸显个性，也可以用于装饰窗户起到整个空间的画龙点睛之用，设计手法非常之多。

家具类：布艺沙发等现代家具比较流行。

印象系：绚烂色彩

意大利的床品和它的文化一样，带有文艺复兴时期的艺术美感。意大利的床品设计师很高傲，他们不太关心流行和大众的接受程度，只专注于创作出略显另类和深奥的床上用品。有时候，意大利的床品设计师会像在画布上作画一般，随意地在床套上创作图案。意大利床品的印染技术堪称世界一流，其活性印染工艺使其色彩饱满、细节细腻。仔细一看，床套上的颜色犹如手工喷绘上去的一样，一斑一点均非常清晰。据说，意大利的印染床品还保持着清洗成百上千遍也不会褪色的纪录，因此把它当作艺术品来珍藏，也不为过。

自然系：追求舒适质感

顺应都市生活方式由外在向内涵的转变，简约主义的盛行，追求更闲适生活的态度，却出现了一种简约的奢华风格。同样是高档的材质、精细的做工，在装饰上却没有那种厚重、压抑的感觉，而是给人轻盈、淡定、收放自如的感觉。

柔软舒适的质感，低调的色彩是其软装的最大特色，而它之所以异常舒适柔软，是因为其拥有超高密度织法。如果你追求色彩，那么这类布艺也许会让你失望，因为它只拥有纯白、米黄和银灰三种基本系列，没有艳丽的色彩和印染工艺。设计师大都认为没有印染意味着完全环保。而欧洲人粗中有细的个性也淋漓尽致地表现在布艺上，用棉线勾织的蕾丝花边以及大纽扣，让床上用品在低调中也透露出一丝精致的味道。

Tips：地毯本身就具有异域的感觉，所以在选择其他搭配的饰品时也要非常注意，要有一定的异域风格。如选择一些铜质饰品，不但在色彩上与其有一定的呼应，更是在整体风格上相得益彰。

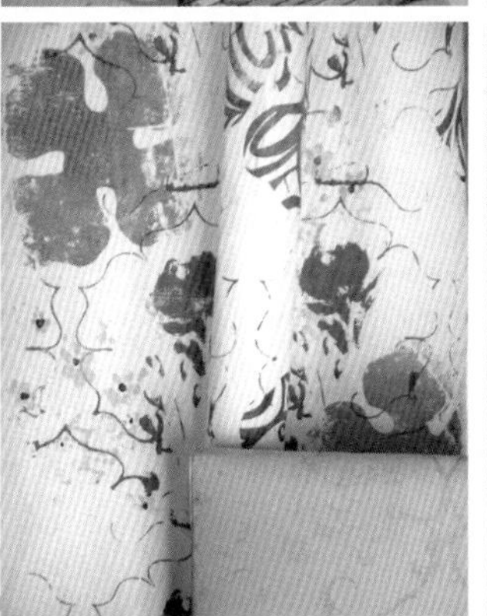

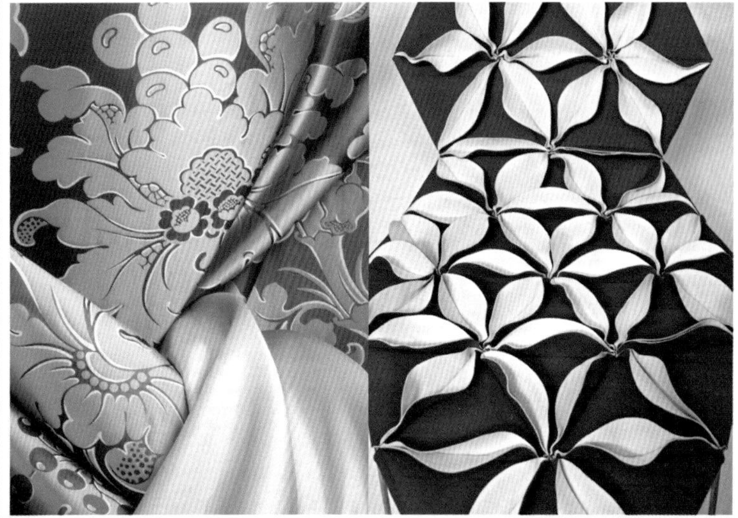

精致系：花鸟图案最知名

特色：花朵图案鲜明饱满，逼真有立体感。

古老的文化孕育着璀璨的文明。中国、日本和西亚等地大都擅长此类繁复而精致的风格。各色仿真花朵争奇斗艳，无论是妖艳的热带大花，还是细密的小花朵，都栩栩如生。配色非常大胆，常使用饱满的对比色彩来表现花朵的立体感，其中以白底红花图案的床品最为经典。身着民族服装的各类人物、形态各异的飞禽走兽、花鸟鱼虫以及一些历史题材，都成为其图案的内容。

充满东方意境的民族元素用在布艺设计上感觉则更加凝练。以往写实的中式元素变得比较抽象，但是却能让观者感觉到传统的那种唯美。图案不像以往那种注重复杂的线条，而是在用色上凸显特殊的层次和立体感。颜色也更加明快和现代，既有历史的传承，又有时尚的演绎。另外，仿古也是很受欢迎的风格。

田园系：崇尚清新自然

强调从都市回归田园的那种恬静和自在感，田园风格也是布艺的一大潮流。大多取自自然的元素，最有代表性的是花朵和格子图案，无论是大片细碎的花朵，还是边角处不经意点缀的一两朵大花，抑或是纯色格子图案都大行其道。不过田园风格用色上并不十分张扬，没有太饱满、浓烈的色彩，更多的是一些偏向于自然的清新颜色。比如各种粉色调，无不抒发自然浪漫的情怀。

比如多层布艺装饰会通过材质的对比，找到一种平衡，摒弃了过于复杂的肌理和装饰，造型线条也更为流畅和大气。甚至一幅纯色的布上只用几朵简单的花朵装饰就可以了，但是花朵选用特别的材质和色彩，立体感很强，依然能透出那种华丽的感觉。适合各种家庭使用，尤其喜好创意变化的年轻夫妇小家庭，可在选购时订购不同花色的椅套，随心情或季节变换，花小钱即可享受居家变化的乐趣。

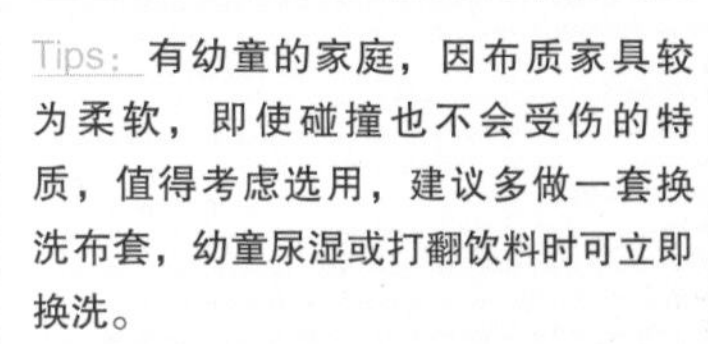

Tips：有幼童的家庭，因布质家具较为柔软，即使碰撞也不会受伤的特质，值得考虑选用，建议多做一套换洗布套，幼童尿湿或打翻饮料时可立即换洗。

布质的保养十分简单，新品购入及每次换上清洁布套时，先喷上防污剂；平时用吸尘器清理即可；若有脏污，立即清洁。整套清洗时，需依照布质选用合适的清洗方法，需干洗者切勿水洗，以防褪色或缩水。

不用进学堂的插花小窍门

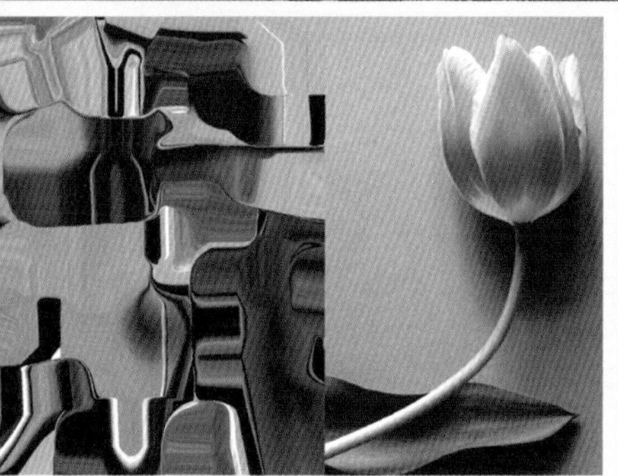

部分图片来源：Maison&Object

热爱生活的人都爱花。看一个家的精致程度，看看插花的变化便知晓。花艺是装点生活的艺术，是将花草、植物经过构思、制作而创造出的艺术品。花艺最重要的是讲究花与周围环境气氛的协调融合。其中，居家插花是一种常见的、备受人们喜爱的饰家艺术。闲暇之余，信手拈来，“被遗忘的角落”也可以是主人发挥想象力的好去处——桌上摆花、墙角搁花、空中悬花、落地置花等。

对比和统一

在色彩质感比较丰富的环境中进行花艺设计时，质感元素应该是越协调越好；反之，如果是在一个色彩质感一致或是有一点沉闷的环境中，就应该用质感对比强烈的手法来打破这种沉闷，就像黑暗中的一道闪电，使人为之一振。

居家插花讲究的是空间构成。一件花艺作品，在比例、色彩、风格、质感上都需要与其所处的环境融为一体。插花从总体上可以分为两种，一种是以中国、日本等国为代表的东方风格插花，另一种是以欧美国家为代表的西方风格插花。这两种插花风格有着较明显的区别。

东方风格插花

东亚，主要是中国和日本的东方式插花，崇尚自然，朴实秀雅，富含深刻的寓意。使用的花材不求繁多，只需插几枝便能起到画龙点睛的效果。造型较多运用青枝、绿叶来勾线、衬托。常用的枝叶有银柳、火棘、八角金盘和松树等。形式追求线条、构图的完美和变化，崇尚自然，简洁清新，讲究“虽由人作、宛如天成”之境，遵循一定原则，但又不拘成法。用色朴素大方，清雅绝俗，一般只用 2~3 种花色，简洁明了。对色彩的处理，较多运用对比色，特别是利用容器的色调来反衬，同时也采用协调色。这两种处理方法，通常都需要用枝叶衬托。

西方风格插花

注重色彩的渲染，强调装饰的丰茂，布置形式多为几何形体，表现人工的艺术美和图案美。用花数量多，有繁盛之感。一般以草本花卉为主，如香石竹、扶郎花、百合、马蹄莲和月季等。形式注重几何构图，讲究对称型的插法，有雍容华贵之态。常见半球形、椭圆形、金字塔形和扇面形等形状，亦有将切花插成高低不一的不规则形状。色彩力求浓重艳丽，创造出热烈的气氛，具有豪华富贵之气。花色相配，一件作品较多采取几个颜色组合在一起，形成多个彩色的块面，因此有人称其为色块的插花。亦有的将各种花混插在一起，创造五彩缤纷的效果。

插花的色彩要根据环境的色彩来配置，在环境色较深的情况下，插花色彩以选择淡雅为宜，环境色简洁明亮的，插花色彩可以用得浓郁、鲜艳一些。插花色彩还要根据季节变化来运用。春天里百花盛开，争芳夺艳，万紫千红。此时插花可选择色彩鲜艳的材料，给人以轻松活泼、生机盎然的感受。夏天，插花的色彩要求清逸素淡、明净轻快，适当地选用一些冷色调的花，给人以清凉之感。到了秋天，满目红扑扑的果实，遍野金灿灿的稻谷，此时插花可选用红、黄明艳的花作主景，与黄金季节相吻合，给人以兴旺的遐想。冬天的来临，伴随着寒风和冰霜，这时插花应该以暖色调为主，插上色彩浓郁的花卉，给人以迎风破雪的勃勃生机。

客厅不建议选花期太短的花。茶几、边桌、角几、电视柜、壁炉等地方都可以摆放。色彩方面尽可能用单一色系。

餐厅如果摆盆花，建议华丽丽的造型。华丽不一定是花朵朵，也可将单朵或多朵花插在同样的花瓶中，多组延伸；也可以在餐桌上洒一些花瓣点缀气氛。餐桌花艺不宜太高，不要超过对坐客人的视线。圆形的餐桌，可以正中摆放一组，也可以以餐桌正中为中心，三角形摆放三组小型花艺；长方形的大餐桌，则可以水平方向摆放花艺。玫瑰、百合、兰花、红掌、郁金香、茉莉花、玫瑰花、太阳花（非洲菊）等都是不错的选择。

卧室花材选择可更自然、更生活化，装饰气息不需太浓厚。在视觉上应让人感觉温和。因为卧室内生活用品较多，不适合太复杂的饰品和插花，可选品种：木百合、鸡冠花、紫罗兰、玛格丽特、康乃馨、马蹄莲、向日葵、满天星等。

Tips:

必学之插花八绝

上轻下重：花苞在上，盛花在下；浅色在上，深色在下，先后有序，浑然天成。

上散下聚：花朵枝叶，下部繁盛，根茎牢固；上部疏散，千姿百态。

高低错落：花朵的位置要前后高低错开，切忌插在同一横线或直线上。

疏密有致：花和叶忌等距离安排，而应有疏有密，富于节奏感。

俯仰呼应：要确立中心，周围的花朵枝叶围绕中心互相呼应，既突出主题又不乏均衡感。

虚实结合：花为实、叶为虚，有花无叶欠陪衬，有叶无花缺实体。即所谓“红花尚须绿叶扶”。

动静相宜：既要有静态的对称，又要有动态的错落。

造型

水平型：设计重心强调横向延伸的水平造型。中央稍微隆起，左右两端则为优雅的曲线设计。其造型最大特点是能从任何角度欣赏。多用于餐桌，茶几，会议桌陈设。

三角形：花材可以插成正三角形，等腰三角形或不等边三角形，外形简洁，安定，给人以均衡，稳定，简洁，庄重的感觉。多作典礼，开业，馈赠花篮等用。若在大型文艺会演及其他隆重场合应用，亦显豪华气派。

L型：将两面垂直组合而成，左右呈不均衡状态。宜陈设在室内转角靠墙处。L型对于一些穗状花序的构成往往起重要作用，大的花用于转角处，小的花自己向前伸延，给人以开阔向上的感觉。

扇形：按基本的三角形插花造型作变化，在中心呈放射形，并构成扇面形状。适于陈设在空间较大之处。

倒T字型：整个设计重点成倒T字型的构成。纵线及左右横线的比例为2:1，给人以现代感。适合装饰于左右有小空间的环境中。

垂直型：整体形态呈垂直向上的造型，给人以向上伸延的感觉。适合陈设于高而窄的空间。

椭圆形：优雅豪华的造型。采用大量的花材，集团式插法，对结构、对比要求比较低，呈自然的圆润感。以古典的花瓶作容器，宜置于教堂或典礼仪式等空间位置较大的场合。

倾斜型：外形是不等边三角形。主枝的长短视情况而定，整个构图具有左右不均衡的特点。多用于线状花材，可有效地表达舒展、自然的美感。

器皿

陶器、玻璃器皿、藤、竹、草编、化学树脂等，在材质、形态上有很多种类。花器要根据设计的目的、用途、使用花材等进行合理选择。

玻璃花器的魅力在于它的透明感和闪耀的光泽。混有金属酸化物的彩色玻璃、表面绘有图案的器皿，能够很好地映衬出花的美丽。

塑料花器是比较经济的道具。价格便宜、轻便且色彩丰富，造型多样。设计用途广泛。

陶瓷花器是花型设计中最常见的道具。中式、日式、西洋式各有千秋，且突出民族风情和各自的文化艺术。所以在使用选择上首先应与设计的式样一致为佳。

藤、竹、草编，形式多种多样，因为采用自然的植物素材，可以体现出原野风情。比较适宜无造作的自然情趣的造型。

金属花器由铜、铁、银、锡等金属材质制成。给人以庄重肃穆、敦厚豪华的感觉，又能反映出不同历史时代的艺术发展。

在回归大自然的潮流中，素烧陶器有它独特的魅力。它以自身的自然风味，使整个作品显得朴素典雅。

挂画饰家
——增添家居色彩

部分图片来源：Design hotels

人们对居家生活品位的要求是越来越高，除了装修风格、家具以外，绘画作品其实完全可以担当起居室的“点睛之笔”。油画是装饰画中最具贵族气息的一种，可根据消费者的需要临摹或创作，风格比较独特。

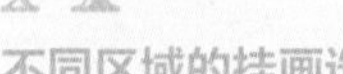

不同区域的挂画选择

1. 客厅

客厅作为家居主要活动场所，是每个家庭中最引人注目的地方，并负有联系内外、沟通宾主的使命。客厅中悬挂的配画，其题材、色调、风格乃至配框都应与大厅内的家具及装修相统一。挑选的时候，除了主色调、空间层次、画功精度等“硬件”因素外，画中建筑或景色的自身特色也不容忽视，因为作品的内涵和灵魂是由它赋予的，一幅好的画作往往会左右客厅的气氛。画作主题最好能呈现出大气、开阔的意味，营造好客的氛围。另外，画作的面积也不宜过小。

長發其祥
作良謀
為至寶

客厅面积如果很小，沙发、茶几都摆放得很近，可能给人很拥挤的感觉，挂起画来就要格外注意，否则会给人压迫感。如果墙壁缺乏空间，应该选中型的画作，只挂一幅画就能给人“阔空间”的错觉，也比较大方。或者选择画幅较小、画框较大的照片画，如果画作或相框太小、太多，只会给人“散散”的混乱感。

2. 卧室

卧室是美妙梦境、异想天开的温床，是联结现实人生与臆想幻觉的催化剂。因为卧室是主人的私密领地，所以在画作的选题上不必拘泥，唯一的主旨就是营造舒适安逸、温馨浪漫的氛围。如果没有特定的想法，推荐人体和暖色调的风景类主题、古典或古典偏印象类风格。卧室挂画的最佳位置是床头，务必使用双钉悬挂以策安全。卧室配画讲究的是总体协调与局部映衬并用，通过视觉反差来突出装饰效果。

3. 餐厅

一家人用餐的饭厅，不需要太讲究排场，选择几幅舒服的小型画作，甚至是孩子的实验作品和涂鸦，平铺在餐桌后的墙身，例如排成“田”字，既温馨又可爱，给人暖洋洋的感觉。画像在视力范围的高度是最佳选择。而在餐厅内配一幅轻松明快、淡雅柔和的油画，也会带给您愉悦的进餐心情。无论是与质感硬朗的实木餐桌还是现代通透的玻璃餐桌搭配，都能营造出清爽怡人、胃口大开的氛围。餐厅配画，尺寸控制在 50cm × 60cm 左右比较适合。

古典静物（如水果拼盘、花卉器皿等）是比较正统的选择；也可以根据个人爱好进行选择，如红酒等；碧海蓝天、青山绿水等写实风景画也不失为都市快节奏一族的个性选择。

挑选餐厅配画的时候应注意以下几点：色调要柔和清新，画面要干净整洁，笔触要细腻逼真。在餐厅与客厅一体相通时，最好能与客厅配画连贯协调。

4. 儿童房

孩子们的睡房，要怎么挂画？“小人国”的家具都是小巧可爱的，如果画太大，就会破坏童真的趣味。让孩子自选几幅可爱的小图像，然后拟定好有趣的构图，顽皮随意地摆挂，比井井有条更来得过瘾、有趣！

B

画框画幅如何选

不同类型的框架，能带出不同的视觉效果。

方形对称美：采用方框时，每边需预留空白位，免得四四方方的图画看起来很呆板，有如被正方形框框困牢。

特长框显气势：特长相框把两幅或以上的小型图像，镶裱在同一个画框里，给人简净归一的感觉，而且横放直放都可以，但要预留足够的白边，以突出每幅图像。

粗框演绎个性：以体积较小的的明信片或小张图像镶裱在粗框里，甚至以另一个小粗相框裱在大框里，更能让内容二合为一，成为有趣别致的挂墙艺术。

脱离传统框框：只有底板和玻璃的“无形”框子，看起来轻松活泼，装裱海报效果不错，最好选择预留白边的印刷品，要不然背景墙会变成画像的超大框框，难看又不伦不类。

C

主题如何选?

.注意风格协调

挂画要和自己的装修风格协调。简约的居室配现代感强的画会使房间充满活力，可选无外框画，一幅原创印象风格的作品往往会起到点睛的效果。

而欧式古典类的家居风格多偏向古典主义油画，绘画以写实为主。如果是古典尤其是复古的风格，则欧洲宫廷或宗教题材为最佳选择。繁复的构图、华丽的场景及悠久的文化，含蓄地发散着奢华气氛的同时，也无时无刻不凸显着主人的身份地位及内涵修养，能够大幅度提升整体装修的效果。同时，细腻的业主可悬挂人物景物融合的主题类、叙事类油画，更让居室颇耐寻味。

如果是中性偏保守的风格，则古典或写实建筑、风景为最佳选择。

中式风格则可以选择湘绣、中式花鸟、书法卷轴、主题书画等主题的挂画。

2. 尽量选择手绘油画

木版画或照片墙的保存时间即使不长也不可惜。但如果花大价钱买来的画作，时间一长出现褪色，则不免扫兴。现在市场上有印刷填色的仿真油画，时间长了会氧化变色。一般从画面的笔触就能分辨出：手绘油画的画面有明显的凹凸感，而印刷的画面平滑，只是局部用油画颜料填色。同时，油画收藏作为新兴的艺术品投资方向，收藏原作、原创的手工油画不仅能装点家居环境，提升家庭文化品位，还能保值升值。

地毯挑选 Q&A

部分图片来源：Francfranc，Design hotels

许多人都喜欢在家中摆地毯，为家居营造一种暖暖的 cosy feel。问题是，市面上地毯那么多，大小不同、颜色千变，图形更让人眼花缭乱。而一块优质的地毯价格不菲，扣除装修费、添购家具及电器产品的预算后，剩下来买一块地毯的资源更有限，在这种情况下，如何挑一块不会让自己后悔的地毯？那就让笔者帮你汇总一些常见的问题吧！

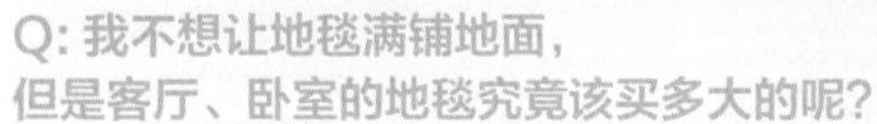

Q: 我不想让地毯满铺地面，
但是客厅、卧室的地毯究竟该买多大的呢?

A：单块地毯既好打理又为房间增色，地毯的大小可根据空间不同而有所不同。客厅沙发边是最常摆放地毯的地方。我们可以根据家具的大小来购买合适的大小。一般来说，不长于2.7m的沙发，建议使用1.7m × 2.4m的地毯；如果是更大的家具，一张2m × 3m的地毯已绰绰有余。同时，茶几大小也该纳入考量范围，确保地毯、沙发和茶几间保持标准的比例。

你也可在一些比较小的空间摆地毯，例如睡床的前头或旁边，可使用比较小型（90cm×160cm）的地毯。

Q：地毯颜色该怎么选？是选和家具同色的还是和地面同色的？

A: 如果你希望强调出“铺了地毯”的效果，那就千万不要选择和地面同色的地毯。和地面同色会让人忽略地毯的存在，也不能起到区分功能区的作用。而选择和家具或者软装同色系会是比较保险的做法，能让地毯和房间完美配搭。但需要注意色彩的深浅变化，以防止地毯与家具或软装的界限不清晰。

如果你够大胆，让地毯和家具的颜色对比，是突出家具的方式之一。而跳跃色的应用会让地毯成为房间的点睛之笔。在客厅摆一张红色、蓝玉色或金绿色的地毯，是不错的尝试。一个不寻常的地毯颜色有助于帮助制造不一样的气氛。

图片来源：Design hotels

图片来源：Design hotels

Q：地毯该选择什么样的图案？

A: 几何图形短毛地毯能给房间制造个性，因此一直以来深受欢迎，不过在选择这类地毯时，要照顾地毯上的图形和空间里的摆设，确保两者摆在一块儿协调而不撞击。如果你对图形地毯不太有把握，那么选择一块单色系的长毛地毯肯定不会出错。

Q: 羊毛地毯和化纤地毯有什么区别？我该选什么质地的地毯？

A: 家用地毯材质很多，按材质分，主要有纯羊毛地毯、混纺地毯（用羊毛与合成纤维，如尼龙、锦纶等混合编织而成）和化纤地毯（如尼龙、锦纶、晴纶、丙纶、涤纶等）、塑料地毯。

羊毛地毯在寒冷的地区比较受欢迎，因为羊毛给人舒适的厚实感，在冷天还有助于保暖。然而羊毛地毯有个缺点，那就是羊毛会不断脱落，因此屋主必须经常花时间照顾。化纤地毯的耐磨性相对较好，易清洗、不腐蚀、不虫蛀、不霉变，但易变形，易产生静电。你可以根据自己的需要进行选择。但选择地毯质地时，你还要考虑个人的生活方式及健康状况，皮肤、呼吸管道或是鼻子特别敏感的人（如鼻窦炎患者）最好远离羊毛地毯，避免让地毯影响个人健康。

当然，你也可以根据使用条件选择不同材料及花色的地毯。比如，人流频繁的房间选择容量大、绒质较低、耐磨损的卷绒的带麻针织地毯；门厅卫生间可用防水防腐、弹性好、色泽鲜艳的塑料或橡胶地毯。

Q：我已经挑中了心仪的款式，购买时需要注意些什么？

A：购买地毯时，你还需要花点时间研究地毯背面的手工。有些地毯背面的手工过于粗糙，摆在地上有可能会刮花娇弱的实木地板。如果你家中不是强化地板或地砖，那么建议选购棉制或帆布的地毯底。购买时，记得把地毯摆在地上看一下。一般地毯挂起来时，看起来会比较大、比较长，因此在只是预估尺寸的情况下，一定要要求服务人员把地毯摆在地上，这能帮助你更准确地决定地毯的合适度。

除此之外，你还可以通过观察、触摸来判断它的质量。主要是看地毯有无凹凸、荷叶边、裁绒的密度、有无掉毛等。

家居的眼睛
——浅析照明样式和法则

部分图片来源：Design hotels

灯具，是指能透光、分配和改变光源分布的器具，包括除光源外所有用于固定和保护光源所需的全部零、部件，以及与电源连接所必需的线路附件。如果想要一个清新、放松的空间，不妨把石膏灯放在卧房、客厅、走道等处，也可兼作低亮度的常亮照明使用。

家庭中如果没有灯具，就像人没有眼睛一样，只能生活在黑暗中，可见灯在家庭中的重要性。城市中的夜晚是美丽的，璀璨的霓虹、耀眼的射灯这些都是城市中所特有的风光。你的家又是怎样照明的？用着毫无美感的日光灯？还是土的要掉牙的吊灯？如果你还以为灯光只是一种照明的工具，那你就 out 了，跟我学，告诉你家里的灯光能有多美……

家里其实不需要太多奢华的装扮，一点精心的布置就能体现出你对家的爱，一盏美丽的吊灯便是这点睛一笔的完美诠释，不要庞大奢华的水晶吊灯，百元左右就足够体现出你对于生活的感怀。

5 种日常灯具的特点

吊灯适合于客厅。吊灯的花样最多，常用的有欧式烛台吊灯、中式吊灯、水晶吊灯、羊皮纸吊灯、时尚吊灯、锥形罩花灯、尖扁罩花灯、束腰罩花灯、五叉圆球吊灯、玉兰罩花灯、橄榄吊灯等。用于居室的分单头吊灯和多头吊灯两种，前者多用于卧室、餐厅，后者宜装在客厅里。吊灯的安装高度，其最低点应离地面不小于 2.2 米。

欧式烛台吊灯

欧洲古典风格的吊灯，灵感来自古时人们的烛台照明方式，那时人们都是在悬挂的铁艺上放置数根蜡烛。如今很多吊灯设计成这种款式，只不过将蜡烛改成了灯泡，但灯泡和灯座还是蜡烛和烛台的样子。

水晶吊灯

水晶吊灯有几种类型：天然水晶切磨造型吊灯，重铅水晶吹塑吊灯、低铅水晶吹塑吊灯。水晶玻璃中档造型吊灯、水晶玻璃坠子吊灯、水晶玻璃压铸切割造型吊灯、水晶玻璃条形吊灯等。市场上的水晶灯大多由仿水晶制成，但仿水晶所使用的材质不同，质量优良的水晶灯是由高科技材料制成，而一些以次充好的水晶灯甚至以塑料充当仿水晶的材料，光影效果自然很差。所以，在购买时一定要认真比较、仔细鉴别。

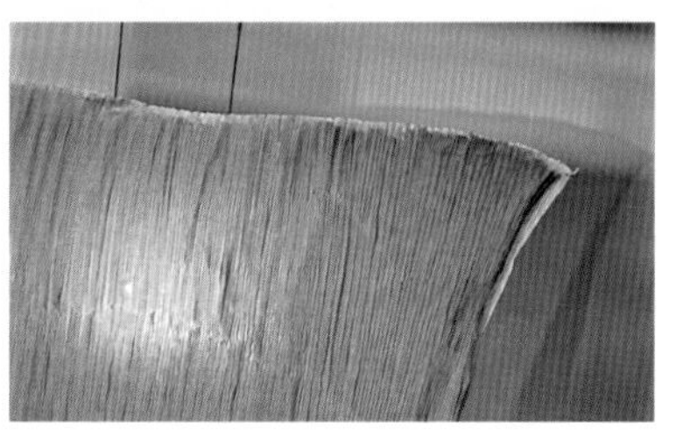

中式吊灯

外形古典的中式吊灯，明亮利落，适合装在门厅区。在进门处，明亮的光感给人以热情愉悦的气氛，而中式图案又会告诉那些张扬浮躁的客人，这是个传统的家庭。要注意的是：灯具的规格、风格应与客厅配套，另外，如果你想突出屏风和装饰品，则需要加射灯。

时尚吊灯

大多数人家也许并不想装修成欧式古典风格，现代风格的吊灯往往更加受到欢迎。目前市场上具有的现代感吊灯款式众多，供挑选的余地非常大，各种线条均可选择。

灯槽

灯槽由于灯光分布均匀，造型时尚多变，施工简单，这种原本流行于公共场合的灯槽被越来越多家庭使用。

吸顶灯

吸顶灯常用的有：方罩吸顶灯、圆球吸顶灯、尖扁圆吸顶灯、半圆球吸顶灯、半扁球吸顶灯、小长方罩吸顶灯等。吸顶灯适合于客厅、卧室、厨房、卫生间等处照明。

吸顶灯可直接装在天花板上，安装简易，款式简单大方，赋予空间清朗明快的感觉。

落地灯

落地灯常用作局部照明，不讲全面性，而强调移动的便利，对于角落气氛的营造十分实用。落地灯的采光方式若是直接向下投射，则适合阅读等需要集中精神的活动，若是间接照明，可以调整整体的光线变化。落地灯的灯罩下边应离地面 1.8m 以上。

壁灯

壁灯适合于卧室、卫生间照明。常用的有双头玉兰壁灯、双头橄榄壁灯、双头鼓形壁灯、双头花边杯壁灯、玉柱壁灯、镜前壁灯等。壁灯的安装高度：其灯泡离地面应不低于 1.8m。

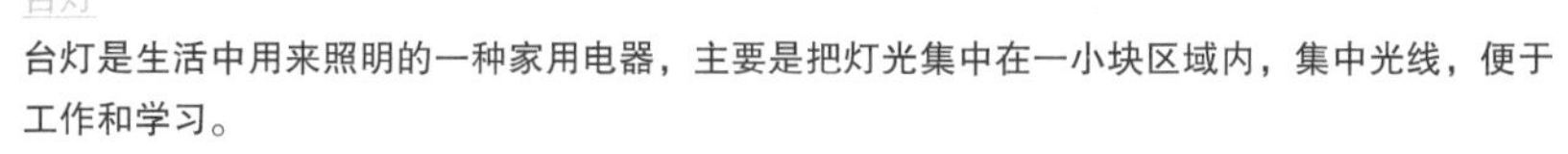

台灯

台灯是生活中用来照明的一种家用电器，主要是把灯光集中在一小块区域内，集中光线，便于工作和学习。

地灯

顾名思义，
即放置在地面的照明灯具。

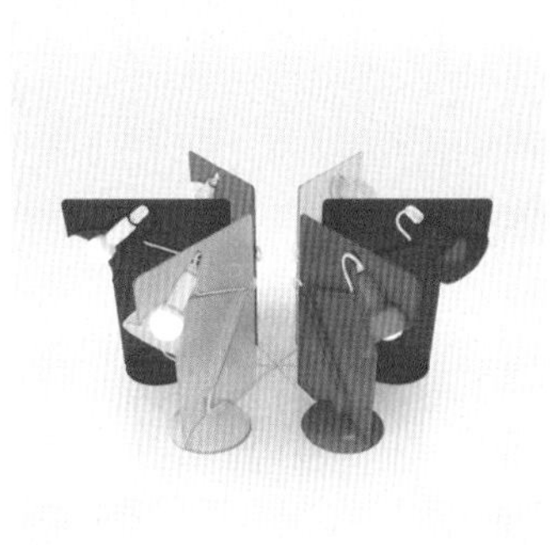

灯具的风格

按照灯的风格，灯饰可以简单分为欧式、中式、美式、现代四种不同的风格，这四种类别的灯饰各有千秋。

现代灯：简约、另类、追求时尚是现代灯的最大特点。其材质一般采用具有金属质感的铝材、另类气息的玻璃等，在外观和造型上以另类的表现手法为主，色调上以白色、金属色居多，更适合与简约现代的装饰风格搭配。

欧式灯：与强调以华丽的装饰、浓烈的色彩、精美的造型达到雍容华贵效果的欧式装修风格相近，欧式灯注重曲线造型和色泽上的富丽堂皇。有的灯还会以铁锈、黑漆等故意造出斑驳的效果，追求仿旧的感觉。从材质上看，欧式灯多以树脂和铁艺为主。其中树脂灯造型很多，可有多种花纹，贴上金箔银箔显得颜色亮丽、色泽鲜艳；铁艺等造型相对简单，但更有质感。

美式灯：与欧式灯相比，美式灯似乎没有太大区别，其用材一致，美式灯依然注重古典情怀，只是风格和造型上相对简约，外观简洁大方，更注重休闲和舒适感。其用材与欧式灯一样，多以树脂和铁艺为主。

中式灯：与传统的造型讲究对称、精雕细琢的中式风格相比，中式灯也讲究色彩的对比，图案多为清明上河图、如意图、龙凤、京剧脸谱等中式元素，强调古典和传统文化神韵。

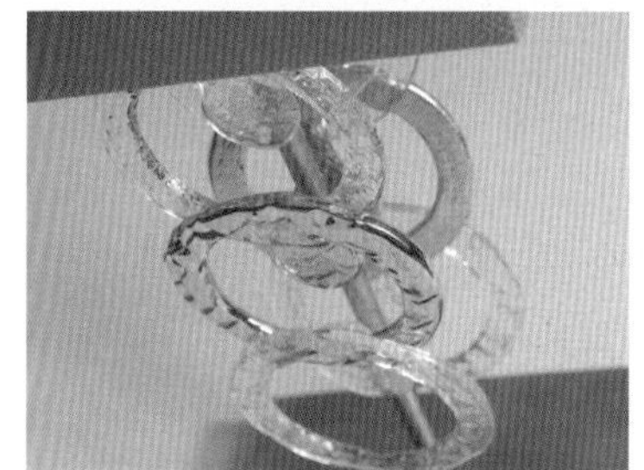

中式灯的装饰多以镂空或雕刻的木材为主，宁静古朴。其中的仿羊皮灯光线柔和，色调温馨，装在家里，给人温馨、宁静的感觉。仿羊皮灯主要以圆形与方形为主。圆形的灯大多是装饰灯，在家里起画龙点睛的作用；方形的仿羊皮灯多以吸顶灯为主，外围配以各种栏栅及图形，古朴端庄，简洁大方。目前中式灯也有纯中式和简中式之分，纯中式更富有古典气息，简中式则只是在装饰上采用一点中式元素。

HELLO KITTY